U0325942

扎哈泉致密油
优快钻井技术与实践

李令东　于文华　谯世均　著

石油工业出版社

内 容 提 要

本书以柴达木盆地扎哈泉致密油区为例，介绍致密油有关的钻井技术。主要包括区域地质概况和风险分析、制约钻速的敏感因素分析、地层可钻性与钻头优选、地层三压力与井身结构优化、钻井液性能优化与维护措施以及扎哈泉长水平井钻井方案。

本书可供从事致密油钻井、油气田钻井技术研究的读者阅读。

图书在版编目(CIP)数据

扎哈泉致密油优快钻井技术与实践／李令东，于文华，
谯世均著．—北京：石油工业出版社，2021.11
ISBN 978-7-5183-4969-2

Ⅰ. ①扎… Ⅱ. ①李… ②于… ③谯… Ⅲ. ①致密砂岩–油
气钻井–研究–青海 Ⅳ. ①TE34

中国版本图书馆 CIP 数据核字 (2021) 第 232750 号

出版发行：石油工业出版社
（北京安定门外安华里 2 区 1 号楼　100011）
网　　址：www. petropub. com
编辑部：（010）64523825　图书营销中心：（010）64523633
经　　销：全国新华书店
印　　刷：北京中石油彩色印刷有限责任公司

2021 年 11 月第 1 版　2021 年 11 月第 1 次印刷
787×1092 毫米　开本：1/16　印张：7.25
字数：192 千字

定价：100.00 元

前　　言

致密油是指夹在或紧邻优质生油层系的致密储层中，未经过大规模长距离运移而形成的石油聚集，是一种非常规石油资源，有储层低孔隙度、低渗透率的特点。与以往开发的特低渗透、超低渗透油藏相比，其成藏机理更复杂，孔喉更细微，填隙物含量更高，勘探难度更大 。

柴达木盆地扎哈泉地区位于盆地的西南缘，是青海油田 2013 年勘探落实的第一个亿吨级致密油储量区，也是中国石油继鄂尔多斯盆地、松辽盆地和准噶尔盆地之后，获得的又一个重要的致密油突破。但由于下部地层可钻性差，钻井速度慢，平均钻井周期长，严重制约了勘探开发进程，扎哈泉致密油钻井面临较大的工程挑战。因此，开展扎哈泉钻井提速提效攻关、解决扎哈泉钻井面临的复杂问题，对加快该区致密油开发以及指导中国石油同类区块开发具有重要意义，亦是对青海油田建设"千万吨级高原油气田"做出的重要贡献。

长期以来，油气开采一直以砂岩、碳酸盐岩及火山岩等为主要目标，虽在钻遇富有机质页岩层段时发现丰富的油气显示或工业油气流，但因传统地质观念而未将页岩考虑为油气储层。随着北美地区页岩气的成功开发和地质理论研究的发展，人们逐渐认识到暗色页岩发育丰富的纳米—微米级孔隙，可以大量成烃、储烃，形成自生自储型油气聚集。通过优选核心区、实验分析、测井评价、水平井钻探、同步多级水力压裂、体积压裂等先进技术的应用，成功实现了页岩中的油气采收。近年来，页岩已成为全球油气勘探开发的新目标。页岩气和致密油的开采给世界油气勘探开发带来了重大变革，正逐渐影响着世界能源供需的格局。随着我国科技的发展和技术的进步，在致密油开采方面也取得了重大的突破，本书以扎哈泉致密油储存区为例来进一步介绍有关致密油的钻井技术。

全书共分为 7 章，第 1 章主要介绍了柴达木盆地西南缘致密油勘探区的概况；第 2 章主要介绍了区域典型地质设计和风险分析；第 3 章主要介绍了制约钻速的敏感因素分析；第 4 章和第 5 章分别介绍了地层可钻性与钻头优选以及地层三压力与井身结构优化；第 6 章主要介绍了钻井液性能优化与维护措施；第 7 章主要介绍了扎哈泉长水平井钻井方案。

本书第 1 章和第 2 章由谯世均、段卢义和张绍辉编写，第 3 章由于文华、张小宁编写，第 4 章由李令东、石李保编写，第 5 章由李令东、明瑞卿编写，第 6 章由张希文、于文华编写，第 7 章由胡贵、张闯编写，张建利、邢星和雷彪进行了资料补充和完善。在编写过程中，中国矿业大学(北京)国家重点实验室的杨柳教授提出了许多宝贵的修改意见，特致谢忱。

由于作者水平有限，疏漏和不当之处在所难免，敬请读者批评指正。

目　　录

第1章 概 述

1.1 区域地质概况

柴达木盆地北起祁连山,西为阿尔金山走滑断层,南为昆仑山东段,它是一个多阶段多旋回演化的叠合盆地。在渐新世—中新世时发育的上干柴沟组,处于挤压坳陷型盆地向前陆盆地的转化阶段初期。扎哈泉地区位于盆地的西南缘,其主要包括扎哈泉构造和乌南—绿草滩斜坡带,是柴达木盆地西南缘重要的致密油勘探区。

柴达木盆地前期勘探结果表明,湖盆边缘普遍发育低渗透储层,储层类型多为薄互层砂岩、碳酸盐岩,具有自生自储的特征。通过整体评价,柴达木盆地致密油主要发育于下干柴沟组上段(E_3^2)的碳酸盐岩、上干柴沟组(N_1)的致密砂岩和油砂山组(N_2)的混积岩中,有利勘探面积为 $8050km^2$,总资源量达 $8.57×10^8t$[1]。相对于常规储层,致密储层的油气充注更为困难,烃类从烃源岩中初次运移至邻近的致密储层,要克服细小孔径中巨大毛细管阻力的束缚,只能靠异常高压提供动力使油气运移。扎哈泉地区实测地层压力系数为 $1.20~1.55$,声波时差在Ⅳ砂岩组之下普遍存在异常点,表明有高压存在。因此,上干柴沟组Ⅳ砂岩组烃源岩排烃使地层内部产生异常高压,为致密油初次运移及充注提供了动力。

扎哈泉地区具有古斜坡背景,古地貌特征整体呈现出西北高、东南低的特征,跃东—扎哈泉—乌南地区表现为宽缓的斜坡。通过古构造分析、岩相对比及重矿物等分析,认为上干柴沟组(N_1)沉积时期,扎哈泉地区主要受两个方向的物源控制,西部铁木里克物源是主体,控制了跃东—扎哈泉—绿草滩地区的沉积面貌,重矿物类型以磁铁矿、锆石、白钛矿、石榴石、绿帘石的组合为主,自古隆区至凹陷区,稳定重矿物的含量逐渐增多,不稳定组分含量逐渐减少,反映了沉积物自西向东搬运堆积;来自南部东柴山的物源,控制了乌东—乌南地区的沉积特征,重矿物类型以锆石、石榴石、磁铁矿的组合为主,不稳定矿物绿帘石含量较少,有别于西部铁木里克物源,表明该物源较铁木里克物源的搬运距离更远,进而表现出沉积物粒度普遍偏细、单层砂岩厚度薄的特征。

在印支期运动后,华北地块、扬子地块及柴达木地块均发生大规模的北向运动,而西北部相邻的塔里木地块发生规模性的东移运动,且柴达木地块运移速度和距离小于华北地块,造成伸展环境,形成裂谷或断陷盆地。扎哈泉构造北与跃东构造相连,南边通过Ⅷ及切克里克凹陷与昆北油田相隔,西与跃进油区相连,东邻乌南斜坡,构造整体形态为被ⅩⅢ断裂及阿拉尔断裂切割的鼻状构造,倾末于扎哈泉凹陷,与凹陷之间发育一条扎哈泉断层。构造走向为北西—南东向,南翼相对较缓,北翼相对较陡,被ⅩⅢ断裂所切割。在此背景上主要发育北北西向和北西西向两组断层，在这两组断层的控制之下，派生出了一批次一级断裂，并形成了一系列断块。扎哈泉地区处于扎克里克凹陷和扎哈泉凹陷的油气运移指向路径上，邻区已有跃西油田、跃进二号油田、乌南油田、绿草滩等油田，构造位置较为有利(图1.1)。

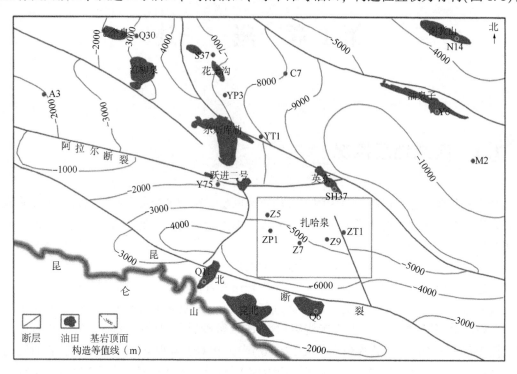

图 1.1 扎哈泉地区构造位置

扎哈泉地区在古—始新世时期开始大面积沉降，为一套快速堆积的红色碎屑岩沉积，渐新世—中新世本区进入稳定沉降期，上干柴沟组(N_1)为一套由河流、滨浅湖、半深湖相组成的粗—细—粗的全旋回沉积，上新世早期本区仍处在沉降中心，上干柴沟组(N_1)厚达560~720m。扎哈泉扎7井区上干柴沟组(N_1)上段整体砂岩发育，主要为滩坝砂，岩性为浅灰色中砂岩、细砂岩、棕灰色泥质粉砂岩、灰色泥岩，见反粒序层理、低角度波状交错层理。上干柴沟组(N_1)下段主要为滨浅湖，尤以浅湖为主，夹较深湖(浪基面附近或以下，可发育烃源岩)，粉砂及以上粒级的陆源碎屑物输入量总体较少，这是造成砂体不太发育、砂层薄—很薄的原因。柴达木盆地中—新生代经历了多次构造运动，断裂发育，其中喜马拉雅晚期构造运动影响尤为强烈，盆地内现今可识别出大断裂体系，即祁连山冲断断裂体系、昆仑山冲断断裂体系和阿尔金山东南缘压扭断裂体系，这些断裂主要表现为逆冲推覆与走滑平移的性质，导致整个盆地具有压扭性盆地的特征。本区断层的展布具有明显的方向性，跃东—扎哈泉—乌南地区主要发育三组方向断裂：一组为近东西走向深大断裂，表现为逆冲性质，包括昆北断层、油砂山断层、Ⅷ号断层，主要控制整体构造格局；一组北西方向转东西向阿拉尔断裂和跃东断层，这些断层主要控制构造局部形态；另一组为近南北向断层，表现为剪切走滑性质，如乌南断层、乌东断层等。整体而言，主要断层平面展布呈现向西北发散、向东南收敛的特征。

上干柴沟组(N_1)上段沉积期，断层同生作用趋于停止并伴随基准面的持续下降，研究区沉积水体逐渐变浅，泥岩颜色由灰色逐渐变为棕灰色、褐灰色，沉积环境演变为滨浅湖相，主要发育滩坝砂体，见含砾砂岩、粗砂岩、中砂岩、细砂岩及粉砂岩等，发育波状层理、透镜层理、低角度交错层理、爬升波纹层理、变形构造等。上干柴沟组（N_1）晚期，跃东地区受物源供给充分的影响，三角洲前缘砂体进一步推进至此，发育三角洲前缘分流水道、河口坝等。地震储层预测结果揭示，该区滩坝砂体长轴展布方向以北西—南东向为主，分布面积广泛，研究区存在4个大面积分布的滩坝砂体，分布于扎哈泉、跃东、绿草滩、乌南、扎哈泉南等地区，砂体厚度较大，分选性较好，储层物性较好，累计厚度平均为112～168m。

扎哈泉地区上干柴沟组单砂层厚度90%以上小于1m，砂体具有厚度薄、砂泥频繁互层的特征；滩坝砂体中发育浪成波纹交错层理、低角度交错层理、波痕等典型的波浪成因原生沉积构造。平行层理主要发育于中砂岩中[2]。柴西地区致密油储层内部结构复杂、非均质性强，为了更高效地进行致密油勘探开发，吴颜雄等[3]利用岩心薄片、X射线衍射、场发射扫描电镜、CT和物性分析等方法，对扎哈泉地区上干柴沟组开展致密储层特征及储层物性控制因素研究。扎哈泉地区上干柴沟组为典型的致密储层，储层以细砂岩和粉砂岩为主，填隙物含量较高，以原生孔隙为主，微米级孔隙是主要的储集空间，有效储层平均孔隙度为5.9%，平均渗透率为0.43mD。其中，原生孔隙占整个孔隙的64%，主要为压实和胶结作用之后残余的粒间孔，孔隙内部充填黏土和碳酸盐矿物，孔隙度集中分布在3.0%～9.0%之间，渗透率集中在0.05～1mD之间，孔隙度与渗透率相关系数不高，特别是在孔隙度为3%～6%的范围内，对应的渗透率值变化区间较大，表明渗透率受多种因素控制。由于本区砂岩普遍致密，仅含油或粒度较粗的岩心在铸体薄片下能清晰观察到孔隙，大多岩石需借助扫描电镜、场发射扫描电镜才能观察到微小孔隙，甚至是纳米级（小于1μm）孔隙。因此，研究区储层可按粒径大小分为微米级（大于1μm）孔隙和纳米级（小于1μm）孔隙，其中2～50μm的大孔主要发育在细砂岩中，1～2μm的中等孔隙则在各类岩石中广泛分布，微米级孔隙连通性强，对储层的贡献巨大。微溶孔和晶间孔等纳米级孔隙在场发射扫描电镜下才能看到，但孔隙连通性较差，因而对储集空间的贡献较为有限。扎哈泉地区上干柴沟组储层原始沉积组分中泥质含量普遍较高，其中黏土矿物为伊/蒙混层、伊利石和绿泥石等，含量变化较大，在5.5%～38.2%之间。随着黏土矿物含量增加，岩石孔隙度明显降低。坝砂由于受波浪反复淘洗，泥质含量低，纯度高，物性也较好，是致密油勘探的"甜点"。

扎哈泉地区致密储层内部孔隙分布较均匀，总体呈现"微米级孔隙+纳米级喉道"的特征，其中微米级孔隙基本呈片状分布，连通性好，纳米级孔隙则呈点孤立状分布。何媛媛等[4]探讨了致密油的生成和运移过程，并对存在另一套与下干柴沟组上段和上干柴沟组不同的潜力烃源岩进行了推断。储层裂隙以微米级孔隙为主，纳米级孔隙不发育，且孔隙连通性差；天然裂缝发育，有效油层段天然裂缝密度为1.25条/m[5]。

扎哈泉地区的沉积微相主要由滨浅湖的滩坝组成，滩坝砂体与湖湘泥岩呈薄互层关系，形成良好的源储配置，为致密油的形成打下很好的沉积学基础[6]。柴达木盆地西南缘扎哈泉地区上干柴沟组致密油储层主要为滩坝砂体，在对扎哈泉地区上干柴沟组岩心描述和岩心实验数据分析基础上，魏恒飞等[2]研究了上干柴沟组滩坝砂体沉积特征，通过对滩坝在基准面旋回过程中的分布特征，探讨了滩坝沉积形成的沉积动力条件，并建立了滩坝沉积模式。滩坝砂体主要是受波浪及沿岸流影响，在滨浅湖环境中形成的砂体类型，是较薄层滩砂和较厚层坝砂的总称。滩坝沉积的发育与可容纳空间的大小及不同可容纳空间条件下沉积水动力发育情况有关：在高的可容纳空间条件下，湖泊水动力强，能够搬运较粗的沉积物，形成坝沉积；而在低的可容纳空间条件下，湖泊水动力弱，主要带来悬浮沉积物，主要形成滩。通过滩坝沉积特征、成因等分析，发现在一个基准面旋回上升过程中，在垂向上依次发育滨湖泥坪、滩、坝及浅湖泥、半深湖泥沉积，根据瓦尔特相律，在侧向上也是连续的，从而建立了该区的滩坝发育模式。

扎 7 井区上干柴沟组（N_1）油藏受沉积相带、坝砂体分布、岩性和物性等多重因素控制，为低孔隙度、中渗透岩性油藏。总体上，地层上倾方向为物性遮挡，坝砂沉积中心油气富集程度较高，随着坝砂厚度减薄，油气富集程度变差。目前，未见边水、纵向连续厚度达 60~70m 的砂体沉积稳定，但连片分布的砂体在不同部位岩相变化较大，油层横向连通性有一定变化，顺物源方向油层较为连续，垂直物源方向油层横向连通性变差。根据本区测井和测试资料分析研究，结合构造和沉积储层特征分析，扎哈泉地区扎 7 井区上干柴沟组（N_1）油藏埋深 3350~3650m，平均油藏深度为 3500m，油藏中部海拔-570m。

扎哈泉油田扎 11 井区位于柴达木盆地柴西南区乌南鼻状构造的倾没端，整体为由南东向北西方向倾没的宽缓鼻状斜坡[7]。扎 11 井区上新统下油砂山组（N_2^1）油藏为构造背景上的岩性油藏，储层为湖相滩坝砂体，具有单层厚度薄、纵向叠加、横向连片分布的特征。储层以细砂、粉砂岩为主，平均孔隙度为 15.3%，平均渗透率为 21.2mD，为中孔隙度、低渗透油藏。单井油层厚度为 10~25m，平均为 15.7m，纵向上油层较集中，平面上叠合连片。下油砂山组（N_2^1）油藏于 2015 年投入开发，采用 280m 正方形反九点井网注水开发。历经 4 年开发，油藏出现了产量递减快、注水突破严重等问题，油藏自然递减率居高不下，油藏开发指标恶化、开发效果变差，迫切需要对井网适应性进行评价及调整。

扎哈泉地区致密油烃源岩的有机质丰度低，有机碳含量普遍低 1%，甚至许多低于 0.5%，并且有机质类型多样复杂，有机质成熟度变化较大，多处于未熟或低熟阶段，部分处于成熟阶段。与目前对国内外其他含油气盆地致密油特征的认识相比，在烃源岩有机质丰度方面有较大差异，特殊有机质丰度不高，有机碳含量主要为 0.3%~1.1%，有机质生烃母质类型复杂，R_o 为 0.4%~1.2%。扎哈泉地区与整个柴西的情况十分相似，咸湖环境有机质丰度普遍较低，如江汉盆地古近—新近系咸化湖盆烃源岩有机质丰度就偏低，有机碳含量平均值仅为 0.63%，也远远低于淡水湖盆有机质丰度。一般认为咸湖环境限制了生物繁殖，导致生物生产力降低，咸化湖盆有机质含量普遍较低[6]。

扎哈泉油田 X 井区下油砂山组储层岩石类型主要为长石质岩屑砂岩，含少量岩屑质长石砂岩。该区存在压实作用、胶结作用和溶蚀作用等成岩作用。其中，胶结作用是影响下油砂山组储层的主要成岩作用。储层孔隙类型主要是原生孔隙和次生孔隙，其中原生孔隙占主要部分。碎屑岩物性属于中孔隙度、中低渗透储层。X 井区下油砂山组优势富集砂体为滨浅湖的坝砂和滩砂；胶结作用对储层物性影响较大，而压实作用和溶蚀作用对储层物性影响较小；孔隙结构对储层物性影响明显[8]。

扎哈泉地区储层内部构型具有如下特点：

（1）层内构型单元叠置。

层内构型单元叠置是指在同一小层内垂向上发育的多个期次的子砂体之间的接触关系。由于湖泊物源供给速度和水流条件的影响，小层内部不同成因砂体形成的时间不同，平面上表现为连片状的复合砂体，垂向上则表现为各种单一成因的子砂体的垂向叠置，通过对水动力条件强弱、单井砂体内部韵律、夹层和井间成因单元高程及测井响应差异等的分析，将研究区层内构型单元叠置分为以下几类：

① 加积型叠置。当湖平面相对上升及碎屑注入量大时，沉积物以垂向加积作用为主，此时在纵向造成若干个子砂体叠置在一起，其厚度在横向上常常变化不大，其间往往为薄夹层相隔。

② 进积型叠置。当湖平面的相对上升速度小于碎屑注入速度时，沉积物向湖中心推进，不同时期的子砂体在剖面上形成前积的特征，表现为不同时期的子砂体呈倾向湖中心的叠瓦状排列。Ⅱ-2-2 小层由两期砂体呈进积关系叠置而成，层内后期子砂体依次比前期子砂体朝湖中心方向推进。

③ 退积型叠置。当湖平面的相对上升速度大于碎屑注入速度时，沉积物向湖岸方向推进，不同时期的子砂体在剖面上形成退积的特征，表现为不同时期的子砂体虽倾向湖中心，但沉积范围从下向上依次向湖岸方向退缩，并呈叠瓦状排列。Ⅱ-2-1 小层由三期砂体呈退积关系叠置，后期子砂体依次比前期子砂体向湖岸方向退缩。

④ 叠加型层内构型单元关系，砂体纵向相互接触，但这是连续沉积形成的，表现在测井曲线上，自然伽马曲线低值、光滑、箱形，并不存在小侵蚀形成的沉积间断。

（2）构型单元侧向拼接。

主要指在同一时期内构型单元之间在侧向上的接触关系。研究区的侧向拼接关系主要包括坝中和坝缘拼接、坝中和坝间拼接、坝缘和坝间拼接、滩和滩间拼接等。

① 坝中和坝缘拼接。正常情况下，对同一时期形成的坝中和坝缘，坝缘分布在坝中的周围，坝中砂体厚度一般比坝缘厚，坝中和坝缘形成拼接关系。坝中测井曲线的响应以自然电位、自然伽马的箱形、漏斗形或钟形为主，而坝缘则以自然电位、自然伽马的微齿状或漏斗形为主。

② 坝中和坝间拼接。在坝中沉积的同时，其外围可能是坝缘，若坝缘不发育或由于开发井距较大未钻遇坝缘，这时坝中的外侧可能钻遇坝间，从而构成坝中与坝间的"跳相"接触，这时则形成坝中和坝间的拼接关系。坝间自然伽马值较高，呈微齿状或高幅齿状，自然电位正异常，而坝中则正好相反。

③ 坝缘和坝间拼接。坝缘的外侧一般与坝间相接，坝间位于湖浪作用相对较弱的地带，一般为泥岩沉积夹有少量薄砂层。与坝缘相比，坝间自然伽马明显偏高，自然电位正异常。

④ 滩和滩间拼接。滩和滩间拼接与坝缘和坝间拼接类似，位于湖浪作用较弱的地带。滩的电性特征与坝缘相似，自然伽马中—低值，通常呈齿状或指状，自然电位负异常，异常幅度较小。

根据钻井岩心观察，研究区主要发育各种层理构造以及少量的冲刷构造。水动力条件强弱变化过程直接影响到底冲刷面构造的发育，通常来讲，在水动力条件上，位于冲刷面上的沉积环境水动力强于其下的沉积环境，因此，底冲刷面常常出现一个不平整的岩性突变面，岩石粒度冲刷面上较粗，并形成典型的切叠构型。因此，冲刷面对渗透率垂向上的变化具有一定的影响，非均质性一般较强。

层理构造是一种主要的原生沉积构造，是沉积物沉积时形成于层内的成层构造，层理类型、纹层产状、组合关系及分布规律受不同沉积环境和水流条件的控制，因而引起渗透率和流体渗流的各向异性。

不同类型层理对渗透率方向性的影响不同，层理构造的垂向演变导致渗透率的垂向变化，层理构造的侧向延伸和演变导致了渗透率在平面上的方向性。平行层理的渗透率各向异性主要表现在水平渗透率(K_h)和垂直渗透率(K_v)的差别，由于平行层理的方向为古水流方向，长轴颗粒亦顺此方向排列，从而造成水平渗透率较大，因此K_h/K_v值很大。一般来说，平行层理既有助于驱动注入剂进入油层，又有助于改善储层的渗透率，从而提高驱油的效率。交错层理因其复杂的纹层，使得储层的渗透率各向异性增强，且交错纹层的组合越复杂，各向异性程度越高，非均质性越强。在未固结层中，平行纹层方向的渗透率与垂直纹层方向的渗透率之比可达3，而在固结的砂岩中，这一比值更大。研究区目的层段主要发育的层理类型有冲洗层理、块状层理、交错层理、平行层理、波状层理、水平层理及少量的递变层理等。其中，冲洗层理、块状层理、交错层理、平行层理多反映坝中等高能沉积环境，水平层理则反映坝间等低能环境。注水开发时，水平层理中流体易顺层理面流动而影响流体的垂向渗流，注入水沿层理面水淹严重，驱油效果差。平行层理和交错层理等斜层理沿纹层面和层面渗透率较高，水淹快，渗透率非均质性强，易形成较多的剩余油，驱油效率低；垂直层理面方向渗透率非均质性更强，驱油效率更低。

1.2　致密油储层特征

致密油储层致密，渗透性极差，粒度细、岩石致密是致密油储层区别于常规储层的重要特征。常规方法较难预测和评价致密油储层，利用地震属性预测致密油储层的方法尚在探索之中。地层中岩石性质、流体性质的空间变化会引起地震反射波形、振幅、频率、能量、相位等一系列地震属性的变化。每个地质体具有不同特征，在地球物理场上的表现形式也不相同，因而用不同的地球物理方法对其特征进行描述，用多种地震信息共同识别一种地质现象，会大大提高识别的准确性和单一性，减少多解性。相同或相似的储层参数，在地震属性上会有类似的表征，储层的岩性、物性及其流体性质的变化，在地震资料中包含的各种属性中都会有相应的响应，这是利用地震属性寻找油气的依据。某种储层性质的变化会引起多种地震属性的响应，如储层岩石骨架物理性质或含油气性或岩性的变化，会引起地震振幅、频率、波阻抗等地震属性的变化。地震属性的变化与储层参数的变化不尽相同，利用地震属性预测具有多解性。

扎哈泉构造扎2区块构造解释所用的三维资料品质较好，通过综合研究和地震资料多属性聚类分析工作，平面和剖面检测成果能够揭示储层的分布特征和油水分布规律。扎哈泉构造扎2区块上干柴沟组(N_1)油藏为一断鼻状隆起背景上的岩性油藏。储层的含油分布受砂体形态、物性、岩性、含油饱和度等多重因素控制，以岩性边界为主。

过储层和油层顶面的任意测线地震频率剖面显示，Z1井是钻井证实了的油井，Z5井是油水井。从地震频率剖面看，Z3井和Z1井都有非常相似的振频率和横向连续性等地震特征，由于含油吸收衰减，具有低频"阴影"现象。Z5井频率较高，且位于低频异常体边缘，位于构造"鞍部"较高的位置，作为有利砂体边界。ZX1井位于构造高部位，频率较高，吸收衰减特征不明显，具有干井的频率特征。Z1、Z3等井处于强吸收带，ZX1井则表现出高频特征，从而说明吸收衰减在该区的有效性。由此可见，与局部高点相对应的高衰减量分布区是含油发育的较有利部位，吸收衰减可为局部区域有利储集带的定界提供一个相对发育的部位。

史晓辉等[9]利用地震多属性聚类分析的方法，对扎哈泉构造 Z2 区块地震波属性进行分类的应用研究，对该工区 5 种敏感地震属性(振幅、频率、相位、平均频率、能量和吸收衰减属性)做聚类分析，把相关性较大的属性参数聚成一类，使参数有一个正确的、全面的分类。在使用参数时精简和完整地表征了地下地质体的情况，确定了有利储层分布范围，为部署探井提供了可靠的依据。利用聚类分析技术得到的参数组合，完整快速地得到理想的储层预测，依据该预测成果，在工区部署了 Z3 井，获得了工业油流，证实该方法在致密油储层预测中具有较好的适用性。

由于致密油的储层孔喉和孔隙半径很小，只有当烃源岩高度富有机质并能产生大量的烃类时，才能克服毛细管压力进入储层，形成致密油藏。因此，富含有机质的烃源岩是形成致密油藏的前提和保障。然而，扎哈泉地区形成致密油藏的烃源岩却贫有机质，这使人们看到一种新的致密油烃源岩类型。是什么原因导致扎哈泉地区上干柴沟组的烃源岩在普遍低于致密油烃源岩标准的条件下，依然能够形成致密油藏？这个问题很值得探讨和研究。

前人对柴达木盆地西部(简称"柴西")地区烃源岩的特殊性做了研究，认为柴西地区古近纪至新近纪总体上属于咸水至半咸水环境，水质变化随时间具有区域迁移性特征。同时，柴西地区主要发育一套古近—新近系咸化陆相湖盆烃源岩，总体特征为：有机质丰度不高，有机碳含量主要为 0.3%~1.1%，有机质生烃母质类型复杂，R_o 为 0.4%~1.2%。扎哈泉地区与整个柴西的情况十分相似。咸湖环境有机质丰度普遍较低，如江汉盆地古近—新近系咸化湖盆烃源岩有机质丰度就偏低，有机碳含量平均值仅为 0.63%，也远远低于淡水湖盆有机质丰度。一般认为咸湖环境限制了生物繁殖，导致生物生产力降低，咸化湖盆有机质含量普遍较低。

有机质生烃转化率可以反映烃源岩生烃潜力。生烃转化率为氯仿沥青"A"与有机碳含量的比值，该指标能够很好地反映有机质的生烃转换效率，黄第藩等[10]认为生烃转化率大于3%即为较好的烃源岩。通过统计，扎哈泉地区有机碳含量平均值为 0.89%，氯仿沥青"A"平均值为 0.085%，得到平均生烃转化率为 9.55%。准噶尔盆地芦草沟组和鄂尔多斯盆地长 7 段有机碳含量的平均值分别为 8.03% 和 13.75%，氯仿沥青"A"的平均值分别为 0.44%和 0.896%[11]，据此计算得到这两个地区的生烃转化率分别为 548% 和 651%。由此可见，扎哈泉地区的生烃转换率与其他地区相比明显偏高。该地区虽然有机质丰度较低，但呈现出生烃转化率较高的特征。一些研究者也发现，咸化湖盆有机质生烃转化率较高的现象[12]。由此可见，生烃转化率高是扎哈泉地区能够形成致密油的重要原因。

吉利明等[13]认为氯仿沥青"A"与有机碳含量的比值达到 5%时，烃源岩就进入成熟生油门限。然而，在未熟或低熟条件下，有机质的高转化率也可以提高氯仿沥青"A"与有机碳含量的比值，因此用这个标准判断有机质的成熟度并不十分可靠。黄第藩等[14-15]和刘文汇等[16]认为"两期生烃模式"是柴达木盆地咸化湖盆烃源岩生油的基本模式，该模式不仅可以解释咸化湖盆有机质转换率高的原因，而且为在咸化湖盆下发育的条件下低有机质丰度也可以形成大量油气的现象提供了有力的理论依据。该模式提出，在产未熟油阶段，干酪根不产生烃类，石油主要来源于可溶性脂类化合物降解生烃，当 R_o 大于 0.7%，进入生油阶段时，干酪根才热解生油，认为是可溶有机质和不可溶有机质共同参与了生烃[17-18]。这解释了扎哈泉地区的烃源岩虽然有机质丰度低，但生烃转化率高，从而形成可观致密油的原因。

致密储层是一个相对概念，国际上并无一个严格明确通用的统一标准界限[19]，储层致密化形成时间的界定，需首先明确致密储层的物性上限，亦即储层物性达到多少时，达到储层致密临界。国内外致密油储层物性存在很大差异，北美典型致密油储层物性亦有所不同，其中巴肯组、鹰滩组、卡尔蒂姆组的孔隙度分布区间分别为 8%～12%、3%～10% 和 5%～12%；渗透率分布区间分别为 0.05～0.5mD、30～4050mD 和 0.1～10mD。中国典型致密油区鄂尔多斯盆地延长组、松辽盆地白垩系、渤海湾盆地沙河街组和吐哈盆地侏罗系的孔隙度分别为 2%～12%、2%～15%、5%～10% 和 4%～10%；渗透率分别为 0.1～1.0mD、0.6～1.0mD、0.2～1.0mD 和小于 1.0mD[20]。

根据国内碎屑砂岩致密油研究进展，结合扎哈泉上干柴沟组致密油研究现状，初步界定当孔隙度为 10%、渗透率为 1mD 时达到致密储层储存油气的上限，致密油充注聚集的主要动力是生烃增压、毛细管压力差、异常压力等，而浮力基本不起作用。由此可见，致密储层上限的界定是个相对值，具体界定取决于致密储层地质特征、技术、经济条件等要素。

通过扎哈泉地区上干柴沟组（N_1）下段 963 块样品分析，孔隙度小于 10% 的样品数量占总样品的 99.1%，分析 856 块样品渗透率小于 1mD 的样品占总样品数的 96%。因此，确定的扎哈泉上干柴沟组储层物性上限符合实际情况。

致密储层形成的时间确定是储层致密化与致密油充注聚集关系研究的重要内容，扎哈泉上干柴沟组（N_1）下段致密储层的成因机理受沉积作用、成岩作用及构造作用影响，主要受沉积作用、成岩作用控制。沉积作用控制着沉积格局，输入的沉积原始物质是控制储层物性的基础，决定着岩石的孔隙变化及抗压实能力，是碎屑矿物经历成岩作用后储层物性优劣的先决条件[21]。矿物岩石特征是储层致密演化的基础，决定了沉积原始孔隙大小，对储层致密程度起决定性作用。成岩作用是储层致密程度关键控制作用，主要有压实作用和胶结作用。压实作用对储层致密程度有重要作用，压实作用早期与原始沉积环境沉积物质密切相关，是储层孔隙减少、渗透性变差的主要原因。成岩作用达到一定阶段后压实作用变弱，而胶结作用占主导，胶结作用可以发生在成岩作用各阶段。而胶结物形成的时间目前无定量方法准确界定，一般采用间接方法分析。溶解、溶蚀作用增加了孔隙、提高了渗透率，改善了储层质量，但作用有限。在明确了储层致密成因机理后，依据致密储层形成主控因素，结合扎哈泉地区现有资料，选择应用什么方法确定致密储层形成时间。目前，综合确定致密储层形成时间主要有 3 种方法：(1)矿物成分测年法，通过测定成岩矿物形成年龄确定时间；(2)包裹体测温法，经测定方解石、石英包裹体形成温度，结合地温梯度与地层埋藏深度，间接确定致密储层形成时间；(3)古孔隙度演化模拟法，模拟地质历史时期各成岩作用古孔隙度演化，通过古孔隙度下限值间接确定致密储层形成时间[22]。

柴达木盆地碎屑砂岩储层致密油孔隙度分布区间为 3.8%～10.2%，渗透率分布区间为 0.1～2mD[12]。致密油地质评价方法中把储集在覆压基质渗透率小于或等于 0.2mD（空气渗透率小于 2mD）的致密砂岩、致密碳酸盐岩储层定义为致密储层（SY/T 6943—2013《致密油地质评价方法》）。我国在碎屑砂岩储层致密油研究领域，通常把致密油储层物性上限界定为：孔隙度小于 10%（或小于 12%），渗透率小于 1.0mD（覆压基质渗透率小于 0.1mD），孔喉直径小于 1μm[23]。

扎哈泉地区在渐新世为柴西地区重要的湖盆沉积中心之一，尤其是渐新世晚期 E_3^2，整个柴达木盆地西部的湖水上涨，湖面扩大，在扎哈泉凹陷—茫崖凹陷发育了一套优质烃源岩段，也是全区的主力烃源岩段，在主力烃源岩段的上覆地层中，如上干柴沟组（N_1）、油砂山组（N_2^1 和 N_2^2）等已经发现了大量工业油流。深层的下干柴沟组下段（E_3^1）的储层研究较为薄弱，原因主要包括以下3点：（1）埋深较大，勘探成本较高，油田多采取"先易后难、先浅后深"的勘探思路；（2）该目的层位于主力烃源岩段之下，专家们对油气能否倒灌入该储层中存在疑虑；（3）部分探井的钻探结果显示，研究区储集岩物性较差，已有学者将其归为致密油范畴，并且把勘探重点放到了烃源岩段下干柴沟组上段（E_3^2）的上覆地层。

扎哈泉区块地面原油密度平均为 0.867t/m³，黏度为 26.47mPa·s，含蜡 15.76%，汽油含量为 11.75%，煤柴油含量为 25.1%，凝点 33℃，析蜡点为 41℃，平均初馏点为 119℃，属于轻质中黏常规油，油田水 $CaCl_2$ 型，密度为 1.0651g/cm³，矿化度为 105589mg/L。2013—2015年，扎哈泉区块上报控制石油地质储量 6651×10⁴t，叠合含油面积 69.1km²。2016年，扎哈泉区块扎11、扎7区块合计叠合含油面积 32.64km²，共计上交探明储量 2112.00×10⁴t，标定技术可采储量 320.78×10⁴t。其中，扎11井区动用含油面积 26.55km²，动用地质储量 1602.46×10⁴t。截至 2019年12月，扎11井区试采井数250口，其中油井156口（开井114口），水井94口（开井70口）。区块核实日产油233t，平均单井核实日产油2.3t，综合含水率为 44.19%。区块日注水 1003m³，平均单井日注 14m³。累计产油 47.7×10⁴t，区块年产油 8.8×10⁴t。累计注水 108.6×10⁴m³，年注水 39×10⁴m³，阶段注采比为 1.63，累计注采比为 1.09[24]。

致密油储层致密，具有微米级孔隙和纳米级孔隙，储层平均孔隙度为 5.8%，平均渗透率为 0.45mD，属于典型致密油藏。与致密油储层互层的古近系烃源岩的有机质类型以Ⅰ型和Ⅱ型为主；T_{max} 在 311～461℃ 之间，处于低熟至成熟阶段。有机碳含量主要分布在 0.29%～4.42% 之间，但多数低于 1.0%，比现阶段致密油烃源岩的标准明显偏低，属于一种特殊类型。与其他盆地相比，虽然柴达木盆地扎哈泉地区致密油烃源岩有机质丰度偏低，但该地区咸化湖泊环境使其具有生烃转化率高的典型特点，同样可以生成较多的液态烃类，预示柴达木盆地致密油勘探具有很大的潜力。

致密油主要产于渐新统上干柴沟组，其储层主要为细砂岩、粉砂岩和泥岩，通常砂岩与泥岩频繁互层，主要为薄互层，砂岩横向变化大[25]，并夹有多套生油层。目前，主要在扎哈泉、乌南等地区发现致密油藏，并已投入工业开发。

何媛媛等[4]等提出扎哈泉地区共发现4类原油：第1类主要为来自上干柴沟组的自生自储型原油；第2类主要为分布在上干柴沟组Ⅳ砂组和Ⅵ砂组中的原油，在扎2井和扎3井形成工业油流，其来源为下干柴沟组上段和上干柴沟组烃源岩的混合；第3类主要为赋存在上干柴沟组Ⅲ砂组中的原油，其中上干柴沟组Ⅲ砂组是现阶段开发原油的主力产层之一，其原油主要来源于下干柴沟组上段烃源岩，属于深层油源充注；第4类主要为分布在下干柴沟组上段的原油，根据生物标志化合物特征，推断其来源于深层下干柴沟组下段。

常规油气藏大都聚集于盆地的构造高部位，而非常规油气主要分布于盆地的斜坡—洼陷中心区域的负向构造单元中。从古构造背景分析，扎哈泉地区为典型的稳定宽缓凹陷与斜坡区构造，具有一定的继承性。在该斜坡背景下发育湖相沉积，水下低隆带形成成排的滩坝砂体，同时，稳定的环境也有利于暗色泥岩大面积沉积，从而为源储配置提供有利条件[1]。

研究区致密油有效储层可分为3类，其中Ⅰ类有效储层为本区的"甜点"区，是下一步优先勘探开发的重点区块，Ⅱ类和Ⅲ类有效储层则是重要的挖潜区，通过工程技术攻关可切实实现柴西地区的增产扩能[3]。

在层状较为致密的烃源岩和储层交错的地层中，除近源成藏之外，油气还存在远源成藏运移机制。致密油"甜点"分布主要受构造背景、源储配置和储层物性综合控制。稳定宽缓的构造背景是致密油形成的前提条件，"夹心饼干式"的源储配置是形成致密油的决定性条件，储层物性控制扎哈泉致密油的富集和高产。

参 考 文 献

[1] 吴颜雄，杨晓菁，薛建勤，等．柴西地区扎哈泉致密油成藏主控因素分析[J]．特种油气藏，2017，24(3)：21-25.

[2] 魏恒飞，关平，王鹏，等．柴达木盆地滩坝沉积特征、成因及沉积模式：以扎哈泉地区上干柴沟组为例[J]．高校地质学报，2019，25(4)：568-577.

[3] 吴颜雄，薛建勤，杨智，等．柴西地区扎哈泉致密油储层特征及评价[J]．世界地质，2018，37(4)：1167-1176.

[4] 何媛媛，张斌，桂丽黎，等．从原油地球化学特征看致密油聚集机制——以柴达木盆地西部扎哈泉油藏为例[J]．石油学报，2020，41(9)：1060-1072.

[5] 郭子枫，刘春秀，雷勇刚，等．基于岩石特性的扎哈泉油田缝网压裂可行性分析[J]．大庆石油地质与开发，2019，38(4)：90-95.

[6] 周宾，关平，魏恒飞，等．柴达木盆地扎哈泉地区致密油新类型的发现及其特征[J]．北京大学学报（自然科学版），2017，53(1)：37-49.

[7] 李积永，李汉阳，胡光明，等．扎哈泉油田扎11井区上新统下油砂山组低渗透油藏注采井网适应性评价[J]．科学技术与工程，2019，19(27)：134-141.

[8] 李军．扎哈泉X井区下油砂山组碎屑岩储层特征及其影响因素分析[J]．辽宁化工，2019，48(7)：692-694.

[9] 史晓辉，马峰，石亚军，等．利用多属性聚类分析方法预测扎哈泉构造致密油储层[C]//中国石油学会2017年物探技术研讨会论文集，2017.

[10] 黄第藩，李晋超，邬立言，等．陆相有机质演化的热解色谱研究[J]．石油勘探与开发，1983(3)：1-10.

[11] 付锁堂，张道伟，薛建勤，等．柴达木盆地致密油形成的地质条件及勘探潜力分析[J]．沉积学报，2013，31(4)：672-682.

[12] 李洪波，张敏，张春华，等．柴达木盆地西部南区第三系烃源岩地球化学特征[J]．天然气地球科学，2008，19(4)：519-523.

[13] 吉利明，李林涛，吴涛，等．陇东西峰地区延长组烃源岩热演化程度研究[J]．西南石油大学学报，2007，29(3)：28-31.

[14] 黄第藩，李晋超．陆相沉积中的未熟石油及其意义[J]．石油学报，1987，8(1)：1-9.

[15] 黄第藩．成烃理论的发展[J]．地球科学进展，1996(4)：2-10.

[16] 刘文汇，黄第藩，熊传武，等．成烃理论的发展及国外未熟–低熟油气的分布与研究现状[J]．天然气地球科学，1999，10(1)：1-22.

[17] 金强，朱光有，王娟．咸化湖盆优质烃源岩的形成与分布[J]．中国石油大学学报（自然科学版），2008，32(4)：19-23.

[18] 彭德华．柴达木盆地西部第三系咸化湖泊烃源岩地质地球化学特征与生烃机理[D]．北京：中国科学

院研究生院，2004.

［19］石金华．柴西南扎哈泉地区致密油形成机理及分布预测［D］.北京：中国地质大学（北京），2016.

［20］邹才能，朱如凯，白斌，等．致密油与页岩油内涵、特征、潜力及挑战［J］.矿物岩石地球化学通报，2015，34（1）：3-17.

［21］石金华，杨成，李仕远，等．扎哈泉储层致密史与致密油聚集关系探讨［J］.特种油气藏，2016，23（4）：42-45.

［22］邓秀芹，刘新社，李士祥．鄂尔多斯盆地三叠系延长组超低渗透储层致密史与油藏成藏史［J］.石油与天然气地质，2009，30（2）：156-161.

［23］贾承造，赵文智，邹才能，等．岩性地层油气藏勘探研究的两项核心技术［J］.石油勘探与开发，2004，31（3）：3-9.

［24］周艳，李昀龙，牛瑞，等．扎哈泉油田井网适应性评价及调整思路浅析［C］//2020油气田勘探与开发国际会议论文集，2020.

［25］马达德，寿建峰，胡勇，等．柴达木盆地柴西南区碎屑岩储层形成的主控因素分析［J］.沉积学报，2005，23（4）：589-595.

第 2 章 区域典型地质设计及风险分析

2.1 扎 212 井钻井地质设计

2.1.1 构造概况

2010 年，通过对三维地震资料的再次解释，证实扎哈泉构造是在古—始新世抬升的继承性隆起上发育形成的断鼻构造，其南面为 XⅢ 断层，东面为扎哈泉断层，另外还有些小断层发育。

XⅢ 断层：断层北倾，走向为近东西向；断开层位 $T_1—T_6$，最大断距为 800m。延伸长度 13.8km。

扎哈泉断层：断层倾向为南西向，走向为近东西转近南北向；断开层位 $T_1—T_6$，最大断距为 400m。延伸长度 9km。扎哈泉断鼻深浅层构造形态基本一致，高点由西向东稍有偏移。

乌南—绿草滩斜坡区整体为由南东向北西方向倾没的宽缓鼻状构造，构造轴向为北西向，该断鼻东西两侧分别被乌南断层和绿东断层所夹持。其中，乌南断层为高角度逆冲平移断层，其东边为北倾的斜坡；绿东断层倾向与乌南断层相反，该断层为乌南与绿草滩的分界。扎哈泉构造、绿草滩斜坡构造圈闭要素见表 2.1。

表 2.1 扎哈泉构造和绿草滩斜坡构造要素

构造名称	圈闭类型	地震层位	面积（km²）	高点埋深（m）	闭合度（m）
扎哈泉构造	断鼻	T_2	29.6	2750	300
绿草滩斜坡构造	断鼻		37.7	2650	450

注：基准面海拔为 0m。

扎 212 井位于扎哈泉断鼻构造东南翼，处于扎哈泉构造与乌南—绿草滩构造结合部，三维地震形态清晰，圈闭落实，较为可靠。目前，已在邻近的扎 4 井、扎 7 井和扎 207 井获得工业油流，最新钻探扎 209 井、扎 210 井在上干柴沟组（N_1）解释出油层，为有利的勘探评价目标。

2.1.2 地层概况

根据地震、钻井、测井资料，扎哈泉构造主要探井纵向上共揭露了 7 套地层，揭露地层层位最多的井为扎西1井，该井完钻井深4720m，其各地层岩性特征如下：

（1）七个泉组（Q_{1+2}）：8～450m，视厚度442m。岩性以棕黄色砂质泥岩、棕黄色泥岩、细砾岩为主，夹棕黄色泥质粉砂岩和少量的棕黄色含砾细砂岩、棕黄色含砾粉砂岩。

（2）狮子沟组（N_2^3）：450～1059m，视厚度609m。岩性以棕黄色、棕灰色泥岩、砂质泥岩、细砾岩为主，夹棕黄色、棕灰色泥质粉砂岩和少量棕灰色细砂岩。

（3）上油砂山组（N_2^2）：1059～1800m，视厚度741m。岩性以棕褐色、棕黄色泥岩、砂质泥岩为主，夹棕黄色泥质粉砂岩、细砾岩和少量棕灰色砾状砂岩。

（4）下油砂山组（N_2^1）：1800～2784m，视厚度984m。岩性以棕褐色、棕灰色泥岩、砂质泥岩、泥质粉砂岩互层为主，夹少量灰白色细砂岩、细砾岩、灰色灰质泥岩。

（5）上干柴沟组（N_1）：2784～3461m，视厚度677m。岩性以棕灰色、棕褐色、灰色泥岩、砂质泥岩、泥质粉砂岩为主，夹棕灰色、灰白色细砂岩、粉砂岩和少量的灰白色灰质泥岩、棕灰色含砾不等粒砂岩。

（6）下干柴沟组上段（E_3^2）：3461～4356m，视厚度895m。岩性以灰色、深灰色泥岩、砂质泥岩、钙质泥岩为主，夹灰色、灰白色、棕灰色泥质粉砂岩和少量灰色、棕褐色泥灰岩。

（7）下干柴沟组下段（E_3^1）：4356～4684m，视厚度328m。岩性以棕红色、棕褐色泥岩、砂质泥岩为主，夹灰色、棕灰色细砂岩、泥质粉砂岩、泥岩、砂质泥岩及砾岩。

（8）路乐河组（E_{1+2}）：4684～4720m（未见底），视厚度36m，岩性为棕红色、棕褐色泥岩、砂质泥岩。

根据电性特征结合古生物、地震等资料，跃东—扎哈泉地区下油砂山组（N_2^1）底部的自然电位曲线为一个明显正旋回，视电阻率曲线为高值或中值，且跃东31井、扎西1井和扎2井3口井在上干柴沟组（N_1）顶部均见到上干柴沟组（N_1）的标准化石（半美星介）；上干柴沟组（N_1）底部岩性为大段的灰色泥岩，底界在自然伽马曲线上存在一个明显的台阶，下部的自然伽马值明显低于上部地层。

综合区域地层对比特征，在扎哈泉地区确定了K_5、K_7、K_8等主要标准层。K_5（N_2^1底）根据上干柴沟组（N_1）标准古生物化石半美星介及自然电位曲线上正旋回的底面进行标定；K_7（N_1-Ⅳ油组顶）电性特征为自然伽马测井曲线在其上下部有比较明显的幅度差，下部电阻较上部有明显增大；K_8层（N_1底）电性特征为自然伽马测井曲线上有一个明显的台阶[1]。

2.1.3　生、储、盖条件分析

2.1.3.1　生油层

扎哈泉地区位于柴达木盆地西部凹陷区扎哈泉构造带之上，主要目的层位上干柴沟组（N_1）为咸化的滨浅湖沉积，其上段主要为源上构造及岩性控制的常规油藏，下段为源内致密油藏，砂体连片性较好，呈互层叠置，而占盆地面积2/3的斜坡凹陷区烃源岩发育，加之高原咸化湖盆致使烃源岩早期生烃，为该区致密储层提供了有利油源。区域内扎7井、扎9井等试油均获得了高产工业油流，预示着本区有着较好的勘探开发前景[2]。

扎哈泉构造位于切克里克凹陷和扎哈泉凹陷中，渐新世至中新世该区处于稳定沉降阶段。稳定下沉的湖泊环境，有利于有机质的堆积、保存以及向石油烃类转化，从而造就了下干柴沟组上段—上干柴沟组（E_3^2—N_1）生油岩系，为区内的油气藏提供了充足的物质基础。在下干柴沟组上段（E_3^2）、上干柴沟组（N_1）时期，该区大部分地区处于浅湖、较深湖环境，沉积了巨厚的暗色泥质岩，其中扎哈泉凹陷厚达 1600~1800m，切克里克凹陷厚达 1800~2000m。扎哈泉地区生油岩有机质丰度见表 2.2。从有机质丰度来看，达到了盆地较好的生油岩标准。根据前人研究，该区 3200m 为生烃门限，切克里克凹陷和扎哈泉凹陷大部分烃源岩在上油砂山组（N_2^2）末就已进入生烃门限，为成熟有效的烃源岩，从而说明该区油源条件较好[3]。

表 2.2　切克里克凹陷和扎哈泉凹陷烃源岩有机质丰度统计

地区	层位	TOC 平均值（%）	氯仿沥青"A"平均值（mg/L）	总烃平均值（mg/L）
扎哈泉凹陷	E_3^2	0.41(5)	204(5)	202(3)
	N_1^1	0.55(6)	384(6)	171(6)
切克里克凹陷	E_3^1	1.01(3)	3477(3)	
	E_3^2	0.43(25)	666(25)	136(13)
	N_1^1	0.45(5)	295(5)	217(5)

注：括号内数值为样品数。

2.1.3.2　储层

钻探证实，扎哈泉地区主要发育三套储层，分别位于下油砂山组—上干柴沟组（N_2^1—N_1）、下干柴沟组上段（E_3^2）和下干柴沟组下段（E_3^1）。下油砂山组—上干柴沟组（N_2^1—N_1）上部发育三角洲前缘、滨浅湖相分流河道砂岩和滩坝砂岩储层，上干柴沟组（N_1）下部广泛发育水下扇砂体。根据扎 2 井、扎 3 井、扎 7 井和扎 207 井等物性资料分析结果（表 2.3 至表 2.6），该区上干柴沟组（N_1）上段储层岩性以极细砂—细粉砂—细砂岩为主，有效储层主要为粉砂岩、长石岩屑砂岩及岩屑长石砂岩，成分成熟度低—中等，结构成熟度中等，分选性中等—好，孔隙度分布范围为 3%~20.1%（平均值为 8.83%），渗透率分布范围为 0.05~254.3mD（平均值为 12.84mD）。上干柴沟组（N_1）下段储层岩性以极细砂—细粉砂—粗砂岩为主，有效储层主要为粉砂岩，为长石岩屑及岩屑长石砂岩，成分成熟度低—中等，分选差—中等，储层岩心分析孔隙度集中分布在 3%~8.5% 之间（平均值 4.9%），渗透率分布集中在 0.1~1mD 之间（平均值为 0.7mD）。

2013 年，钻探的扎平 1 井导眼段在上干柴沟组（N_1）油藏Ⅳ、Ⅵ油组进行了系统取心，通过岩心样品分析分类统计，含油岩心孔隙度分布在 3.9%~12.3% 之间，平均值为 6.9%；渗透率分布在 0.02~1.47mD 之间，平均值为 0.25mD。不含油岩心孔隙度分布在 0.3%~12.4% 之间，平均值为 3.7%；渗透率分布在 0.014~21.6mD 之间，平均值为 0.12mD（表 2.7）。

表2.3 扎2井上干柴沟组（N_1）储层物性统计

砂层组	深度（m）	氦孔隙度（%）	空气渗透率（mD）	颗粒密度（g/cm³）	砂层组	深度（m）	氦孔隙度（%）	空气渗透率（mD）	颗粒密度（g/cm³）
I	2941	5.62	0.17	2.65	III	3128.49	7.66	0.16	2.68
	2941.08	9.05	0.16	2.68		3128.59	7.38	0.13	2.68
	2941.24	8.71	0.39	2.66		3129.41	10.01	0.07	2.69
II	3021.07	14.54	4.84	2.64		3130.44	5.92	0.05	2.68
	3021.2	14.45	1.12	2.65		3131.5	6.63	0.17	2.68
	3023.14	9.39	0.86	2.66		3131.54	8.18	0.26	2.68
	3023.18	11.36	1.18	2.65		3131.62	8.23	0.09	2.68
	3023.23	9.39	0.53	2.66	IV	3296.29	6.46	0.07	2.7
	3026.76	5.93	0.19	2.66		3297.53	7.46	0.24	2.67
	3026.81	5.79	0.36	2.66		3297.58	6.84	0.32	2.66
	3028.61	9.11	0.1	2.66		3297.68	6.72	0.35	2.66
	3029.89	7.24	0.12	2.66		3291.84	5.52	0.27	2.67
	3032.14	7.28	0.13	2.66		3292.17	5.59	0.24	2.65
	3032.18	6.73	0.16	2.68		3296.73	5.21	8.62	2.7
	3032.25	6.86	0.17	2.67		3292.86	6.83	0.15	2.67
	3033.4	9.11	0.43	2.66		3292.91	5.29	0.21	2.67
	3033.48	10.51	0.26	2.66		3296.29	6.46	0.07	2.7
	3036.24	9.73	0.5	2.65		3297.14	6.76	0.15	2.66
	3036.44	15.13	54.77	2.64		3297.21	8.04	0.17	2.68
	3036.85	8.6	1.57	2.66		3297.28	6.94	0.45	2.65
III	3114.8	6.41	0.26	2.67		3297.53	7.46	0.24	2.67
	3114.89	5.59	0.38	2.67		3297.58	6.84	0.32	2.66
	3116.55	5.63	0.08	2.68		3297.68	6.72	0.35	2.66
	3116.71	6.14	0.19	2.67		3298.3	7.22	0.8	2.66
	3127.23	6.47	0.47	2.66		3300.34	5.52	0.27	2.67
	3127.26	7	0.66	2.66		3300.67	5.59	0.24	2.65
	3127.72	6.99	0.13	2.68		3302.71	9.16	204.52	2.67
	3127.77	6.88	0.13	2.67		3302.75	9.3	4.69	2.67
	3127.82	6.84	0.18	2.67		3302.78	9.57	20.48	2.66
	3127.87	5.93	0.19	2.68		3303.21	7.99	2.26	2.66
	3127.93	6.94	0.14	2.69		3303.26	10.33	17.4	2.66
	3128.11	9.74	0.08	2.69		3305.23	5.21	8.62	2.7
	3128.25	5.78	0.14	2.68					

表 2.4　扎 3 井上干柴沟组（N_1）储层物性统计

砂层组	深度（m）	氦孔隙度（%）	空气渗透率（mD）	颗粒密度（g/cm³）	砂层组	深度（m）	氦孔隙度（%）	空气渗透率（mD）	颗粒密度（g/cm³）
II	3002.73	19.5	254.3	2.649	II	3013.93	8	0.5	2.658
	3003.34	16.2	0.72	2.669		3016.27	6.7	<0.05	2.676
	3003.47	13.7	0.14	2.677		3016.33	6.1	0.15	2.698
	3003.57	14.4	0.31	2.671		3016.4	5.4	0.1	2.673
	3003.71	6.6	<0.05	2.678		3016.45	6.5	0.079	2.684
	3004.13	12.3	0.15	2.671		3016.68	6	0.11	2.695
	3004.29	12.7	1.2	2.648		3016.7	5.5	<0.05	2.686
	3004.4	10.3	1.3	2.652		3016.82	6.1	0.083	2.685
	3005.59	16.2	47.6	2.643		3017.04	4.4	<0.05	2.677
	3005.74	16.2	47.4	2.649		3018.11	6.3	<0.05	2.682
	3005.94	17.3	186.1	2.642		3018.39	8	0.075	2.673
	3006.1	15.6	9.8	2.65		3018.63	3	6.4	2.706
	3006.14	15.2	37.4	2.647		3023.03	4.2	3.8	2.687
	3006.24	14.1	2.5	2.665	IV	3244.5	4	<0.05	2.694
	3007.22	6.1	<0.05	2.682		3244.7	4.6	<0.05	2.694
	3007.32	6.8	0.071	2.667		3244.9	4	<0.05	2.687
	3008.03	4.3	0.15	2.705		3245.45	5	<0.05	2.691
	3011.1	20.1	93.9	2.633		3246.45	6.3	<0.05	2.662
	3013.36	5.4	<0.05	2.685		3246.6	4.2	<0.05	2.69
	3013.41	7	<0.05	2.685		3247.35	3.3	<0.05	2.665
	3013.51	7.7	93.7	2.692		3247.55	5.4	0.11	2.684

表 2.5　扎 7 井上干柴沟组（N_1）储层物性统计

砂层组	深度（m）	氦孔隙度（%）	空气渗透率（mD）	颗粒密度（g/cm³）	砂层组	深度（m）	氦孔隙度（%）	空气渗透率（mD）	颗粒密度（g/cm³）
II	3361.77	0.57	0.079	2.723	III	3513.17	0.99	0.12	2.714
	3361.84	0.14	0.002	2.695		3513.74	0.85	0.017	2.722
	3362.3	0.033	0.027	2.715		3513.81	2.56	0.21	2.713
III	3513.01	3.25	0.055	2.705					

表 2.6 扎 207 井上干柴沟组（N_1）储层物性统计

砂层组	深度(m)	氦孔隙度(%)	空气渗透率(mD)	颗粒密度(g/cm³)	砂层组	深度(m)	氦孔隙度(%)	空气渗透率(mD)	颗粒密度(g/cm³)
III	3501.51	5.46	0.32	2.661	III	3557.98	12.80	67.61	2.663
	3501.54	5.58	1.40	2.661		3558.06	17.65	94.25	2.649
	3501.78	5.89	0.06	2.68		3558.21	12.18	29.22	2.663
	3501.84	6.19	0.23	2.661		3558.31	13.22	72.20	2.652
	3502.36	4.19	0.04	2.686		3558.39	12.07	74.61	2.663
	3502.91	4.47	0.21	2.687		3558.42	13.08	74.53	2.662
	3504.16	5.37	0.06	2.685		3558.42	12.78	62.03	2.665
	3504.21	4.82	0.07	2.674		3558.46	12.23	36.61	2.663
	3504.26	6.41	0.06	2.693		3558.66	14.58	50.86	2.65
	3504.31	5.85	0.04	2.681		3558.66	14.94	66.48	2.646
	3504.36	10.37	0.66	2.665		3558.8	13.73	100.67	2.652
	3504.41	10.53	0.71	2.659		3558.84	7.97	11.92	2.674
	3504.51	10.38	1.22	2.658		3558.9	13.38	96.83	2.655
	3504.56	11.29	3.72	2.651		3558.9	15.43	132.43	2.651
	3504.61	11.42	4.56	2.648		3559.16	13.36	36.32	2.645
	3504.7	10.61	0.80	2.66		3559.21	14.80	43.69	2.642
	3504.76	9.37	0.67	2.664		3559.26	14.23	66.65	2.645
	3504.81	10.19	2.51	2.647		3559.31	14.43	65.56	2.645
	3504.86	10.96	5.39	2.647		3559.36	6.46	0.11	2.682
	3504.96	8.64	0.25	2.664		3559.46	6.42	0.13	2.682
	3505.16	11.34	13.44	2.637		3559.51	6.19	0.13	2.681
	3505.86	4.59	0.33	2.659		3559.61	4.62	0.46	2.669
	3505.91	4.93	0.42	2.66		3559.69	4.68	0.27	2.673
	3506.56	3.97	0.54	2.658		3559.74	5.56	0.33	2.668
	3557.51	12.91	26.31	2.667		3561.34	3.65	0.13	2.663
	3557.76	14.59	135.15	2.656		3561.56	3.51	0.11	2.663
	3557.88	14.77	46.09	2.652		3561.66	3.97	0.13	2.664

表 2.7 扎平 1 井上干柴沟组（N_1）储层物性统计

砂层组	深度(m)	氦孔隙度(%)	空气渗透率(mD)	颗粒密度(g/cm³)	砂层组	深度(m)	氦孔隙度(%)	空气渗透率(mD)	颗粒密度(g/cm³)
IV（含油岩心段）	3242.75	7.6	0.36	2.752	IV（含油岩心段）	3247.84	6.9	0.34	2.681
	3243.2	5.8	0.04	2.712		3247.88	8.8	0.23	2.676
	3243.46	6.3	4.18	2.674		3249.16	9.9	7.99	2.682
	3243.5	4.0	0.19	2.655		3249.21	8.2	0.10	2.688
	3243.6	5.9	0.30	2.661		3249.25	12.4	0.74	2.676
	3243.64	7.0	0.26	2.659		3249.43	10.5	0.14	2.691
	3243.73	5.2	0.17	2.667		3249.47	10.6	0.15	2.688
	3243.76	8.5	0.4	2.673		3249.55	9.9	0.08	2.687
	3246.58	4.4	0.03	2.686		3249.59	7.4	0.04	2.693
	3246.62	14.3	0.03	2.682		3274.37	9.7	1.47	2.678

砂层组	深度（m）	氦孔隙度（%）	空气渗透率（mD）	颗粒密度（g/cm³）	砂层组	深度（m）	氦孔隙度（%）	空气渗透率（mD）	颗粒密度（g/cm³）
Ⅳ（不含油岩心段）	3250.17	3.5	0.02	2.674	Ⅳ（不含油岩心段）	3262.6	4.8	0.12	2.708
	3268.05	5.7	0.02	2.684		3261.91	4.8	0.12	2.702
	3245.24	4.3	0.02	2.696		3260.27	4.4	0.13	2.688
	3261.75	4.5	0.02	2.692		3239.24	4.3	0.14	2.682
	3251.93	4.8	0.02	2.638		3264.5	6.1	0.14	2.669
	3255.5	5.6	0.02	2.683		3262.87	5.6	0.15	2.685
	3268.15	4.9	0.02	2.687		3263.5	6.6	0.16	2.677
	3268.58	4.5	0.02	2.696		3262.36	6.8	0.16	2.688
	3267.58	4.6	0.03	2.69		3262.5	5.9	0.17	2.675
	3267.5	4.4	0.03	2.694		3262.55	8.4	0.17	2.688
	3267.03	4.8	0.03	2.71		3263.6	6.7	0.18	2.673
	3266.9	4	0.03	2.705		3263.7	6.6	0.18	2.676
	3266.95	4.6	0.03	2.704		3263.4	6.8	0.2	2.675
	3269.05	4.6	0.03	2.686		3263.22	8.1	0.2	2.702
	3269	4.5	0.04	2.685		3263.32	6.9	0.2	2.701
	3268.66	4.8	0.04	2.689		3263.85	4.8	0.2	2.682
	3239.04	3.5	0.04	2.683		3262.45	7.9	0.2	2.685
	3264.65	5.6	0.05	2.682		3262.7	8.0	0.21	2.693
	3264.7	4.5	0.05	2.678		3261.86	4.7	0.22	2.676
	3239.1	4.2	0.06	2.693		3264.06	3.5	0.22	2.69
	3268.9	4.1	0.07	2.677		3263.27	7.2	0.22	2.688
	3259.99	6.4	0.07	2.673		3264.01	5.5	0.23	2.684
	3264.36	3.9	0.08	2.695		3263.18	8.6	0.23	2.683
	3268.38	4.5	0.08	2.688		3264.19	4.1	0.23	2.687
	3240.75	3.5	0.08	2.674		3253.17	3.6	0.23	2.678
	3248.38	4	0.09	2.739		3263.94	4.7	0.23	2.686
	3264.6	4.7	0.09	2.67		3262.25	3.6	0.24	2.716
	3260.1	4	0.10	2.683		3262.77	8.1	0.24	2.684
	3262.13	3.7	0.10	2.747		3263.13	8.0	0.24	2.685
	3268.44	4.2	0.10	2.701		3262.93	8.8	0.25	2.673
	3264.4	4.7	0.11	2.675		3260.16	4.5	0.27	2.689
	3239.2	3.8	0.11	2.685		3264.25	4.3	0.31	2.697

2.1.3.3　盖层

根据研究分析认为，扎哈泉地区发育多套盖层，下油砂山组（N_2^1）发育的棕红色、棕褐色泥岩和上干柴沟组（N_1）发育的棕灰色、棕褐色泥岩为其下伏储层的良好盖层，与其下发育的碎屑岩储层匹配，具有良好的储盖组合条件。

2.1.3.4　生、储、盖层组合分析

研究认为，扎哈泉构造的油气主要来自该区的烃源岩。钻探资料和研究成果证实，扎哈泉凹陷烃源岩具有较好的生烃能力。大部分烃源岩在上油砂山组（N_2^2）末就已进入生烃门限。沉积相研究认为扎212井区上干柴沟组（N_1）上段主要发育滨浅湖滩坝砂体，砂体集中发育，横向连续性好，上干柴沟组（N_1）下段主要发育水下扇砂体。砂体与半深湖相泥岩呈互层状沉积特征，形成良好的储盖组合。同时，钻探揭示该区下油砂山组（N_2^1）发育棕红色、棕褐色泥岩可作为其下伏储层的良好盖层，综合分析研究扎212井区生、储、盖配置良好，是有利的勘探目标[4]。

2.1.4　邻井钻探成果

截至2013年，扎7井区共钻井12口，钻探过程中在上干柴沟组（N_1）油气显示良好，已试油的7口井中均获得工业油流，邻区钻探井位多口井见良好显示，试油见工业油流[5]。

2.1.4.1　扎4井

该井于2012年9月16日开钻，11月7日钻至井深3650m完钻，完钻层位上干柴沟组（N_1）下部。

（1）显示情况：该井在1446.00～3650.00m井段共见气测异常298.0m/92层，全烃在0.09%～12.33%之间；岩性为棕黄色泥质粉砂岩，棕褐色泥质粉砂岩、粉砂岩，以及灰色、棕灰色泥质粉砂岩、粉砂岩、细砂岩，全烃较高的异常主要集中在2172.00～2774.00m和3063.00～3398.00m（表2.8）。

（2）取心情况：全井在井段3306.10～3315.60m、3315.60～3325.10m和3325.10～3334.60m取心三筒，进尺28.50m，心长28.1m，收获率98.5%，未获得含油岩心。

（3）测井解释：上干柴沟组（N_1）共解释出油层18.8m/7层（表2.9）。

（4）试油：该井优选三个层组试油，其中有一个层组获得工业油流（表2.10）。

（5）试采情况：平均日产油0.08t，截至2013年，试油试采累计产油134.62t。

表2.8　扎4井上干柴沟组（N_1）主要油气显示

砂层组	井段(m)	岩性	全烃(%)		烃组分(%)						
			基值	最大值	C_1	C_2	C_3	iC_4	nC_4	iC_5	nC_5
I	3056～3061	灰白色细砂岩	0.26	6.08	81.42	9.19	5.52	1	1.7	0.57	0.6
II	3152～3153	棕褐色粉砂岩	0.31	4.22	75.56	6.89	5.18	2.48	4.04	3.18	2.67
	3157～3159	棕灰色细砂岩	0.67	12.33	63.65	11.82	10.66	3.07	5.29	2.7	2.81

续表

砂层组	井段(m)	岩性	全烃(%)		烃组分(%)						
			基值	最大值	C_1	C_2	C_3	iC_4	nC_4	iC_5	nC_5
Ⅲ	3240~3242	棕褐色粉砂岩	0.25	5.72	78.75	9.38	5.48	1.08	2.48	1.4	1.43
	3268~3276	灰色泥质粉砂岩	0.59	2.1	62.64	17.33	11.81	0.86	1.01	3.83	2.52
	3279~3281	灰色泥质粉砂岩	0.58	4.46	64.8	18.13	11.28	0.48	0.85	2.66	1.8
Ⅳ	3396~3398	灰色粉砂岩	0.19	3.38	67.27	13.16	10.41	2.14	4	1.91	1.11
Ⅵ	3616~3617	灰色泥质粉砂岩	0.55	2.39	60.45	22.4	11.28	0.55	5.32	0	0
	3647~3650	灰色泥质粉砂岩	0.4	3.17	60.61	22.11	10.78	0.49	5.17	0.47	0.37

表 2.9　扎 4 井上干柴沟组(N_1)测井解释成果

小层	顶深(m)	底深(m)	有效厚度(m)	结论
Ⅲ-1-1	3226.5	3228.2	1.7	油层
Ⅲ-1-2	3233.8	3235.4	1.6	油层
Ⅲ-2-1	3243	3245.7	2.7	油层
Ⅲ-2-2	3247	3249.3	2.3	油层
Ⅳ-1-2	3394	3401.2	7.2	油层
Ⅳ-2-1	3413.5	3416.1	2.6	油层
Ⅳ-2-1	3418.6	3420.4	1.8	油层

表 2.10　扎 4 井上干柴沟组(N_1)试油成果

小层	射孔井段(m)	试油措施	日产油(m³)	累计产油(m³)	试油结论
Ⅲ-2	3238.00~3240.00, 3243.00~3245.00	抽汲求产	5.12	31.06	油层

2.1.4.2　扎 204 井

扎 204 井于 2013 年 3 月 15 日开钻，5 月 9 日钻至井深 3620m 完钻，完钻层位上干柴沟组(N_1)。

（1）显示情况：该井共见 246.5m/62 次气测显示，显示 1520.00~3542.00m 井段，其中在上干柴沟组(N_1)见 90.5m/27 次。全烃在 3519~3524m 井段(N_1)达到最高 99.99%，岩性为棕褐色油迹细砂岩(表 2.11)。

（2）测井解释：上干柴沟组(N_1)共解释出油层 16.6m/4 层，差油层 1.6m/1 层（表 2.12）。

（3）试油情况：该井优选两个层组试油，其中有一个层组获得工业油流(表 2.13)。

（4）试采情况：初期日产油 5t，截至 2013 年底，试油试采累计产油 522.26t。

表 2.11 扎 204 井上干柴沟组（N_1）主要油气显示

砂层组	井段（m）	岩性	全烃(%)		烃组分（%）							槽面显示
			基值	最大值	C_1	C_2	C_3	iC_4	nC_4	iC_5	nC_5	
Ⅲ	3193~3199	棕褐色粉砂岩	0.49	3.54	61.16	12.98	12.22	2.84	5.37	2.83	2.6	无
	3226~3228	灰色粉砂岩	0.2	7.87	83.29	11.18	3.97	0.22	0.39	0.45	0.5	无
	3230~3235	灰色泥质粉砂岩	0.38	1.25	84.45	9.92	3.37	0.6	0.82	0.43	0.41	无
Ⅳ	3323~3327	灰色粉砂岩	0.11	1.14	88.33	9.54	1.16	0.21	0.23	0.26	0.27	无
	3335~3336	棕灰色细砂岩	0.27	1.96	80.38	11.71	4.1	0.29	0.15	1.68	1.69	无
	3351~3352	灰色荧光粉砂岩	0.69	1.5	67.93	14.38	8.99	2.06	3.16	1.93	1.55	无
Ⅴ	3474~3477	灰色粉砂岩	0.3	1.87	89.2	7.78	1.92	0.44	0.34	0.18	0.14	无
	3504~3508	棕褐色油迹粉砂岩	0.26	83.53	50.43	12.97	16.92	5.2	6.94	4.11	3.43	5%油花
Ⅵ	3519~3524	棕褐色油迹细砂岩	27.02	99.99	58.06	14.46	14.75	3.63	4.66	2.44	2	5%油花，5%气泡
	3538~3542	棕褐色泥质粉砂岩	24.8	69.18	48.02	12.56	17.34	5.53	7.6	4.81	4.14	无

表 2.12 扎 204 井上干柴沟组（N_1）测井解释成果

小层	顶深(m)	底深(m)	有效厚度(m)	结论
Ⅳ-2-1	3353.3	3357.9	4.6	油层
Ⅵ-1	3500.2	3501.8	1.6	差油层
Ⅵ-1-2	3503.6	3506.8	3.2	油层
Ⅵ-2	3517.3	3522.6	5.3	油层
Ⅵ-3	3527.6	3531.1	3.5	油层

表 2.13 扎 204 井上干柴沟组（N_1）试油成果

小层	射孔井段（m）	试油措施	日产油（m³）	累计产油（m³）	试油结论
Ⅵ-1、Ⅵ-2	3517.00~3531.00	油管畅喷	13.3	72.55	油层

2.1.4.3 扎 7 井

该井于 2013 年 6 月 4 日开钻，2013 年 7 月 31 日钻至井深 3800m 完钻，完钻层位上干柴沟组（N_1）下部。

（1）显示情况：全井共见气测异常显示 304m/77 层，其中上干柴沟组（N_1）见异常显示 115m/32 层。录井见荧光显示 20.0m/6 层，层位为上干柴沟组（N_1），岩性为粉砂岩（表 2.14）。

（2）取心情况：该井在上干柴沟组（N_1）3361.30～3363.88m 和 3512.74～3516.54m 井段进行了两次取心，总进尺 6.43m，总心长 3.01，收获率 46.8%，未获得含油岩心。

（3）电测解释：在上干柴沟组（N_1）解释出油层 24.1m/7 层（表 2.15）。

（4）试油：2013 年 10 月 14 日对上干柴沟组（N_1）3510.00～3518.00m 井段射孔，用 φ4mm 油嘴控制放喷，日喷油 51.22m³，累计出油 117.12m³（表 2.16）。

（5）试采情况：初期 1.6mm 油嘴生产，日产油 18.23t，油压 13MPa；2013 年底，2mm 油嘴生产，日产油 13.29t，油压 7.3MPa。截至 2014 年 8 月，试油试采累计产油 5040.46t。

表 2.14 扎 7 井上干柴沟组（N_1）油砂显示

砂层组	井段（m）	厚度（m）	岩 性
Ⅱ	3356～3360	4.0	灰白色荧光粉砂岩
Ⅲ	3446～3451	5.0	灰白色荧光粉砂岩
	3463～3466	3.0	灰白色荧光粉砂岩
	3509～3513	4.0	灰白色荧光粉砂岩
	3547～3549	2.0	灰白色荧光粉砂岩
Ⅳ	3613～3615	2.0	灰白色荧光粉砂岩

表 2.15 扎 7 井上干柴沟组（N_1）电测解释成果

小层	顶深（m）	底深（m）	有效厚度（m）	结论
Ⅱ-2-2	3354.5	3364.2	9.7	油层
Ⅲ-2-1	3444.4	3447.6	3.2	油层
Ⅲ-2-2	3449.3	3453.1	3.8	油层
Ⅲ-2-4	3466.3	3467.8	1.5	油层
Ⅲ-5-1	3510	3511.5	1.5	油层
Ⅲ-5-2	3513.6	3517.9	4.3	油层
Ⅲ-7-1	3547.3	3549.8	2.5	油层

表 2.16 扎 7 井上干柴沟组（N_1）试油成果

小层	试油井段（m）	求产方式	日产油（m³）	累计产油（m³）
Ⅰ-2	3609.00～3617.00	压裂后放喷	见油花	
Ⅲ-5	3510.00～3518.00	射孔后放喷	51.22	117.12

2.1.4.4 扎 207 井

该井于 2014 年 3 月 3 日开钻，5 月 7 日钻至井深 3730m 完钻，完钻层位上干柴沟组（N_1）。

（1）气测异常：全井共发现气测异常显示 129m/33 层，其中上干柴沟组（N_1）见异常显示 67m/20 层，全烃最高值为 3.52%，岩性灰色粉砂岩（3495.0～3498.0m 井段），录井岩屑见灰白色荧光粉砂岩 4m/1 层，3556.0～3560.0m 井段。

（2）取心情况：该井在上干柴沟组（N_1）3501.46～3506.87m 和 3557.46～3564.18m 井段取心，进尺 12.13m，心长 10.9m，见棕褐色油浸含砾细砂岩 1.9m。

（3）电测解释：在上干柴沟组（N_1）解释出油层 3m/1 层，差油层 8.8m/2 层（表 2.17）。

（4）试油：2014 年 6 月 11 日对上干柴沟组（N_1）3564.00～3568.00m 井段射孔后抽汲，日产油 7.67m^3，压裂后抽汲日产油 14.84m^3，累计产油 114.14m^3（表 2.18）。

表 2.17 扎 207 井上干柴沟组（N_1）电测解释成果

小层	顶深（m）	底深（m）	厚度（m）	有效厚度（m）	结论
Ⅲ-2-2	3492	3501.2	9.3	9.2	差油层
Ⅲ-5-1	3558.6	3560.6	2.1	2	差油层
Ⅲ-5	3564	3567	3	3	油层

表 2.18 扎 207 井上干柴沟组（N_1）试油成果

小层	射孔井段（m）	试油措施	日产油（m^3）	累计产油（m^3）	试油结论
Ⅲ-5	3564.00～3568.00	压裂后抽汲	14.84	114.14	油层

2.1.4.5 扎 209 井

该井于 2014 年 5 月 26 日开钻，7 月 3 日钻至井深 3700m 完钻，完钻层位上干柴沟组（N_1）。

（1）气测异常：全井共发现气测异常显示 167m/42 层，其中上干柴沟组（N_1）见异常显示 64m/18 层，全烃最高值为 8.54%，岩性为灰色粉砂岩（3511.0～3515.0m 井段）。录井岩屑见灰白色荧光粉砂岩 7m/2 层。

（2）电测解释：在上干柴沟组（N_1）解释出油层 20.6m/9 层，差油层 7.7m/3 层，可疑油层 6.9m/2 层（表 2.19）。

表 2.19 扎 209 井上干柴沟组（N_1）电测解释成果

小层	顶深（m）	底深（m）	厚度（m）	结论
Ⅱ-1-1	3291.3	3293.4	2.1	油层
Ⅱ-4-1	3360.5	3363.5	3	可疑油层
Ⅲ-2-2	3421.5	3423.2	1.7	油层
Ⅲ-2-3	3425.8	3428.2	2.4	油层
Ⅲ-3	3447.7	3449.5	1.8	油层
Ⅲ-3	3451.2	3453.2	2	油层
Ⅲ-4-1	3455.3	3456.5	1.2	油层
Ⅲ-5-2	3481.6	3485	3.4	油层
Ⅲ-8-2	3532.3	3536.2	3.9	可疑油层

小层	顶深(m)	底深(m)	厚度(m)	结论
Ⅳ-1-3	3577.4	3580.4	3	差油层
Ⅳ-2-1	3582.1	3584.6	2.5	油层
Ⅳ-3-1	3596.1	3599.9	3.8	油层
Ⅳ-4-1	3610.1	3612.6	2.5	差油层
Ⅳ-5	3623.8	3626	2.2	差油层

2.1.4.6　扎210井

该井于2014年3月3日开钻，5月9日钻至井深3700m完钻，完钻层位上干柴沟组（N_1）。

（1）气测异常：全井共发现气测异常显示130m/46层，其中上干柴沟组（N_1）见异常显示44m/17层，全烃最高值为65.1%，录井岩屑见棕灰色荧光泥质粉砂岩（3635.0~3637.0m）1层。

（2）取心情况：该井在上干柴沟组（N_1）3527.11~3533.34m井段取心，进尺6.23m，心长5m，未见含油岩心。

（3）电测解释：在上干柴沟组（N_1）解释油层14.5m/5层，差油层2.5m/1层，油水层3.7m/1层（表2.20）。

表2.20　扎210井上干柴沟组（N_1）电测解释成果

小层	顶深(m)	底深(m)	有效厚度(m)	结论
Ⅲ-1-1	3447.5	3452.2	4.7	油层
Ⅲ-2-1	3467.8	3471.8	4	油层
Ⅲ-2-2	3474.5	3476.2	1.7	油层
Ⅲ-3-3	3503.1	3505	1.9	油层
Ⅲ-5-1	3539.4	3543.1	3.7	油水层
Ⅳ-1-3	3634.2	3636.7	2.5	差油层
Ⅳ-1-4	3640.2	3642.3	2.1	油层

扎7井区上干柴沟组（N_1）油藏受沉积相带、坝砂体分布、岩性和物性等多重因素控制，为低孔隙度、中渗透岩性油藏。总体上，地层上倾方向为物性遮挡，坝砂沉积中心油气富集程度较高，随着坝砂厚度减薄，油气富集程度变差，2013年底未见边水纵向连续厚度达60~70m的砂体沉积稳定，但连片分布的砂体在不同部位岩相变化较大，油层横向连通性有一定变化，顺物源方向油层较为连续，垂直物源方向油层横向连通性变差。根据该区测井和测试资料分析研究，结合构造和沉积储层特征分析，扎哈泉地区扎7井区上干柴沟组（N_1）油藏埋深3350~3650m，平均油藏深度为3500m，油藏中部海拔-570m。

扎哈泉油田扎11井区位于柴达木盆地柴西南区乌南鼻状构造的倾没端，整体为由南东向北西方向倾没的宽缓鼻状斜坡。扎11井区中新统下油砂山组（N_2^1）油藏为构造背景上的岩性油藏，储层为湖相滩坝砂体，具有单层厚度薄、纵向叠加、横向连片分布的特征。储层以细砂、粉砂岩为主，平均孔隙度为 15.3%，平均渗透率为 21.2mD，为中孔隙度、低渗透油藏。单井油层厚度达 10~25m，平均值为 15.7m，纵向上油层较集中，平面上叠合连片。下油砂山组（N_2^1）油藏于 2015 年投入开发，采用 280m 正方形反九点井网注水开发。历经 4 年开发，油藏出现了产量递减快、注水突破严重等问题，油藏自然递减率居高不下，油藏开发指标恶化、开发效果变差，迫切需要对井网适应性进行评价及调整。

2.2　扎 9 井钻井地质设计

2.2.1　构造概况

扎哈泉地区位于青海省柴达木盆地西部南区，包括跃东断鼻、扎哈泉构造及乌南—绿草滩斜坡三个三级构造。该区南邻昆北油田，西与跃进油区相连，东北方向为英东油田。扎哈泉构造整体为一个向东南方向倾没的鼻状背斜，构造轴向为北西西向。乌南—绿草滩斜坡区整体为一由东南向北北西方向倾没的鼻状背斜，构造轴向为北北西向，构造西南翼地层倾角较大，东北翼地层倾角相对较小，扎哈泉构造与乌南—绿草滩斜坡区在倾没端通过鞍部相接。构造落实情况如下：

（1）钻探结果表明，扎 9 井实际地层分层与设计分层误差为 −70~10m。

（2）扎 9 井进行了一次地层倾角测井，测量井段为 1604.79~3650.00m。地层倾角资料显示，1604.79~3650.00m 井段倾向以北北东向为主，地层倾角在 10° 以内（表 2.21）。

表 2.21　扎 9 井地层倾角统计

地质分层	井段（m）	地层倾角（°）	地层倾向
N_2^2—N_1	1604.79~3650.00	<10	北北东

（3）与邻井对比，扎 9 井地层底界海拔较扎 7 井高，较绿参 1 井和扎探 1 井低（表 2.22）。

表 2.22　扎 9 井地层海拔对比　　　　　　　　　　　　　　　单位：m

井号	井深	补心海拔	Q_{1+2}底界海拔	N_2^3底界海拔	N_2^2底界海拔	N_2^1底界海拔
扎 7	3800	2954.42	1904.42	1414.42	774.42	
绿参 1	5300	2914.8	2267.8	1788.8	1149.8	195.8
扎探 1	4828.83	2963.92	2533.92	2093.92	1468.92	545.92
扎 9	3650	2937.92	2237.92	1777.92	1137.92	87.92

2.2.2　地层概况

扎 9 井地层分层是由青海油田公司勘探开发研究院依据该井岩性、电性、区域地质、结合邻井对比而划分的，自上而下共钻遇七个泉组（Q_{1+2}）、狮子沟组（N_2^3）、上油砂山组（N_2^2）、下油砂山组（N_2^1）、上干柴沟组（N_1）和下干柴沟组上段（E_3^2）共六套地层（表 2.23）。

表 2.23 扎 9 井地层分层数据   单位：m

井号	井深	补心海拔	Q_{1+2}	N_2^3	N_2^2	N_2^1	N_1	E_3^2
扎 7	3800	2954.42	1050	1540	2180	3225	3800	
绿参 1	5300	2914.8	647	1126	1765	2719	3440	4680.5
扎探 1	4828.83	2963.92	430	870	1495	2418	3126	4334
扎 9(设计)	3650	2936.72	750	1220	1870	2840	3590	3650
扎 9(实际)	3650	2937.92	700	1160	1800	2850	3569	3650
误差			−50	−60	−70	10	−21	

（1）七个泉组（Q_{1+2}）：井段 6.20～700.00m，视厚度 693.8m（自 50.00m 开始录取岩屑资料）。

岩性特征：中上部（50.00～550.00m）岩性以砾岩为主，夹棕黄色泥岩；下部（550.00～700.00m）岩性以棕黄色泥岩、砂质泥岩为主，夹少量棕黄色泥质粉砂岩和砾岩。

电性特征：深侧向视电阻率曲线变化较大，其最大值为 44.2Ω·m，最小值为 1.3Ω·m；自然伽马曲线变化不大，其最大值为 96API，最小值为 30API；550.00m 之上自然电位负异常不明显，之下负异常较明显。

岩电组合特征：深侧向视电阻率高值对应于砾岩、砂质岩层，低值对应于泥岩层；自然伽马高值对应于泥岩层，低值对应于砾岩、砂质岩层；自然电位负异常对应于砂质岩渗透层。

（2）狮子沟组（N_2^3）：井段 700.00～1160.00m，视厚度 460.00m。

岩性特征：岩性以棕黄色泥岩、砂质泥岩为主，夹棕黄色泥质粉砂岩、少量棕灰色泥岩、砂质泥岩、泥质粉砂岩和砾岩。

电性特征：深侧向视电阻率曲线变化不大，其最大值为 12.6Ω·m，最小值为 1.5Ω·m；自然伽马曲线变化较大，其最大值为 232API，最小值为 49API；自然电位负异常明显。

岩电组合特征：深侧向视电阻率高值对应于砾岩、砂质岩层，低值对应于泥岩层；自然伽马高值对应于泥岩层，低值对应于砂质岩层；自然电位负异常对应于砂质岩渗透层。

（3）上油砂山组（N_2^2）：井段 1160.00～1800.00m，视厚度 640.00m。

岩性特征：岩性以棕黄色泥岩、砂质泥岩为主，夹棕黄色泥质粉砂岩、少量棕灰色泥岩、砂质泥岩、泥质粉砂岩。

电性特征：深侧向视电阻率曲线变化不大，其最大值为 6.1Ω·m，最小值为 1.1Ω·m；自然伽马曲线变化不大，其最大值为 171API，最小值为 59API；自然电位负异常明显。

岩电组合特征：深侧向视电阻率高值对应于砂质岩层，低值对应于泥岩层；自然伽马高值对应于泥岩层，低值对应于砂质岩层。

（4）下油砂山组（N_2^1）：井段 1800.00～2850.00m，视厚度 1050.00m。

岩性特征：上部（1800.00～2100.00m）岩性以棕黄色泥岩、砂质泥岩为主，夹棕黄色泥质粉砂岩、棕灰色泥岩、砂质泥岩、泥质粉砂岩；中下部（2100.00～2850.00m）岩性以棕褐色、棕灰色泥岩、砂质泥岩为主，夹棕褐色、棕灰色泥质粉砂岩及少量灰色泥岩、砂质泥岩、泥质粉砂岩、粉砂岩等。

电性特征：深侧向视电阻率曲线变化大，其最大值为 50Ω·m，最小值为 0.6Ω·m；自然伽马曲线变化大，其最大值为151API，最小值为47API；自然电位负异常明显。

岩电组合特征：深侧向视电阻率高值对应于砂质岩层，低值对应于泥岩层；自然伽马高值对应于泥岩层，低值对应于砂质岩层。

（5）上干柴沟组（N_1）：井段2850.00~3569.00m，视厚度719.00m。

岩性特征：岩性以棕灰色泥岩棕褐色、砂质泥岩为主，棕灰色、棕褐色泥质粉砂岩次之，夹灰色泥岩、砂质泥岩、泥质粉砂岩、灰质泥岩等。

电性特征：深侧向视电阻率曲线变化大，其最大值为87Ω·m，最小值为1.7Ω·m；自然伽马曲线变化不大，其最大值为161API；最小值为59API；自然电位负异常明显。

岩电组合特征：深侧向视电阻率高值对应于灰质泥岩、砂质岩层，低值对应于泥岩层；自然伽马高值对应于泥岩层，低值对应于砂质岩层。

（6）下干柴沟组上段（E_3^2）：井段3569.00~3650.00m，钻遇厚度81.00m。

岩性特征：岩性以棕褐色泥岩、砂质泥岩为主，夹棕灰色、灰色泥岩、砂质泥岩、泥质粉砂岩和棕褐色泥质粉砂岩。

电性特征：深侧向视电阻率曲线变化较大，其最大值为43.3Ω·m，最小值为6.4Ω·m；自然伽马曲线变化不大，其最大值为114API，最小值为77API；自然电位负异常明显。

岩电组合特征：深侧向视电阻率高值对应于砂质岩层，低值对应于泥岩层；自然伽马高值对应于泥岩层，低值对应于砂质岩层[6]。

2.2.3 油、气、水显示

2.2.3.1 油气水显示统计

（1）气测异常：扎9井自1368.00~3563.00m共见气测异常95.0m/27层，全烃为0.14%~100%，槽面见5%针孔状气泡1次，取气样点燃一次，焰色上黄下蓝，焰高5cm，燃时3s。见5%油花1次，岩性为泥质粉砂岩、粉砂岩和细砂岩，全烃较高的异常主要集中在上干柴沟组（N_1）（井段2741.00~3459.00m）。

全井段后效显示8次，槽面见5%针孔状气泡7次，池面无变化。

根据气测显示及曲线形态特征，气测解释出油层31.0m/8层，水层33.0m/9层，干层31.0m/10层。

（2）油砂显示全井段岩屑录井见油迹7.0m/1层（2862.00~2869.00m灰色油迹细砂岩）。

（3）定量荧光分析：全井段储层定量荧光分析含油浓度为0.75~197.41mg/L，荧光级别为1~9，定量荧光解释出油层7.0m/1层。

（4）地化分析：$S_0$0~0.0067mg/g，S_{11}0.0022~0.1965mg/g，S_{21}0.0178~3.4226mg/g，S_{22}0.0483~2.2383mg/g，S_{23}0.0505~1.0295mg/g，S_T0.1255~6.4054mg/g。地化录井解释出油层7.0m/1层。

（5）测井解释：全井测井共解释出渗透层493.8m/149层，其中油层27.7m/8层，差油层9.1m/4层，可能油层4.8m/1层，干层261.8m/79层，水层190.4m/57层。

（6）录井解释：全井录井解释出油层24.3m/8层，干层30.0m/10层，水层27.5m/9层（表2.24）。

表 2.24　扎 9 井油、气、水解释统计　　　　　单位：m/层

解释	地层	Q_{1+2}	N_2^3	N_2^2	N_2^1	N_1	E_3^2
测井解释	油层	—	—	—	7.1/3	20.6/5	—
	差油层	—	—	—	9.1/4	—	—
	可能油层	—	—	—	—	4.8/1	—
	干层	20.3/8	35.2/10	14.6/5	68.7/19	119.7/36	3.3/1
	水层	10.4/3	42.1/9	77.6/26	57.7/18	2.6/1	—
气测解释	油层	—	—	—	18.0/5	13.0/3	—
	干层	—	—	—	19.0/6	12.0/4	—
	水层	—	—	22.0/5	11.0/4	—	—
录井解释	油层	—	—	—	10.8/5	13.5/3	—
	干层	—	—	—	20.6/6	9.4/4	—
	水层	—	—	16.1/5	11.4/4	—	—

2.2.3.2　油气水分述

（1）七个泉组（Q_{1+2}）：井段 6.20～700.00mm，视厚度 693.8m，岩屑录井未见油砂显示；气测录井未见异常显示；无后效显示；测、录井均未解释出与油气有关的层。

（2）狮子沟组（N_2^3）：井段 700.00～1160.00m，视厚度 460.00m，岩屑录井未见油砂显示；气测录井未见异常显示；无后效显示；测、录井均未解释出与油气有关的层。

（3）上油砂山组（N_2^2）：井段 1160.00～1800.00m，视厚度 640.00m，岩屑录井未见油砂显示；气测录井见异常显示 22.00m/5 层，槽面无显示，池面无变化；无后效显示；测、录井均未解释出与油气有关的层。

（4）下油砂山组（N_2^1）：井段 1800.00～2850.00m，视厚度 1050.00m，岩屑录井未见油砂显示；气测录井见异常显示 48.00m/15 层，槽面无显示，池面无变化；见后效显示 3 次；测井解释出 7.1m/3 层，差油层 9.1m/4 层，录井解释出油层 10.8m/5 层。

（5）上干柴沟组（N_1）：井段 2850.00～3569.00m，视厚度 719.00m，岩屑录井见油迹显示 7.0m/1 层；气测录井见异常显示 25.0m/7 层，槽面见 5% 针孔状气泡 1 次，取气样点燃一次，焰色上黄下蓝，焰高 5cm，燃时 3s。见 5% 条带状油花 1 次；见后效显示 5 次。测井解释出油层 20.6m/5 层，可能油层 4.8m/1 层；录井解释出油层 13.5m/3 层。

（6）下干柴沟组上段（E_3^2）：井段 3569.00～3650.00m，钻遇厚度 81.00m，岩屑录井未见油砂显示；气测录井未见异常显示；无后效显示；测井未解释出与油气有关的层。

2.2.4　生、储、盖层

（1）烃源岩评价：岩屑录井资料表明，扎 9 井暗色泥质岩不发育，累计厚度 240m，约占地层总厚度的 8.1%，最大连续厚度 14.0m，主要分布在上干柴沟组（N_1）、下干柴沟组上段（E_3^2），岩性主要为灰色泥岩、砂质泥岩（表 2.25）。

表 2.25 扎 9 井烃源岩统计(50.00m 开始录取岩屑资料)

层位	地层厚度(m)	暗色泥质岩厚度(m)	最大连续厚度(m)	占地层总厚度(%)
N_2^3	460	——	——	——
N_2^2	640	——	——	——
N_2^1	1050	98	14.0	9.3
N_1	719	119.5	11.5	16.7
E_3^2	81	22.5	9.5	27.8
合计	2950	240	——	8.1

(2)储层评价:据测、录井资料,扎 9 井储层类型为孔隙型,累计厚度 539m,占地层总厚度的 18.3%,最大单层厚度 10.0m。储层主要分布在 N_1,N_2^3、N_2^2、N_2^1 和 E_3^2 也有储层分布,岩性主要为泥质粉砂岩、粉砂岩及少量砾岩(表 2.26)。

表 2.26 扎 9 井砂质岩统计(50.00m 开始录取岩屑资料)

层位	地层厚度(m)	砂质岩厚度(m)	最大单层厚度(m)	砂质岩百分比(%)
N_2^3	460	79	7.0	17.2
N_2^2	640	92	5.5	14.4
N_2^1	1050	164.5	5.5	15.7
N_1	719	188	9.5	26.3
E_3^2	81	15.5	4.0	19.1
合计	2950	539	——	18.3

测井资料物性分析结果:扎 9 井目的层 N_1 测井资料进行数字化处理,地层孔隙度分布主要集中在 0~4% 之间,算术平均值为 4.6%;渗透率主要分布在 0.1~1mD 之间,算术平均值为 1.6mD。

(3)盖层评价:扎 9 井泥质岩发育,岩性为泥岩、砂质泥岩夹少量灰质泥岩,累计厚度为 2407m,占地层总厚度的 81.7%,最大连续厚度 87.0m,可作为下伏储层的良好盖层(表 2.27)。

表 2.27 扎 9 井泥质岩统计(50.00m 开始录取岩屑资料)

层位	地层厚度(m)	泥质岩厚度(m)	最大连续厚度(m)	占地层总厚度(%)
N_2^3	460	381	34.0	82.8
N_2^2	640	548	71.0	85.6
N_2^1	1050	885.5	87.0	84.3
N_1	719	527	44.5	73.7
E_3^2	81	65.5	26.5	80.9
合计	2950	2407	——	81.7

（4）生、储、盖层组合：根据岩屑录井资料可以看出，扎9井暗色泥质岩不发育，储层主要分布在 N_1，N_2^3、N_2^2、N_2^1 和 E_3^2 也有储层分布，全井段泥质岩均发育，可作为下伏储层的盖层。

2.3 风险分析

2.3.1 地质风险分析

目前，对扎哈泉地区上干柴沟组（N_1）油藏砂体的展布范围及油气富集规律还不明确，储层预测手段还不是很准确，是区域钻探的主要地质风险。

2.3.2 钻井工程风险

2.3.2.1 绿13井复杂情况

（1）卡钻：划眼至井深 2697.31m 有蹩钻现象，活动钻具时卡死，后泡入原油 11m³ 解卡；起钻至 3009.0m 钻具被卡，后连续轻提倒划眼解卡。

（2）井涌：钻至井深 1329m，观测到钻井液槽面出现 35% 的气泡，槽面上涨 1~2cm，钻井液密度为 1.19g/cm³；钻至井深 1488m，钻井液槽面布满气泡，槽面上涨 3~7cm，钻井液密度为 1.2g/cm³—1.0g/cm³—1.2g/cm³；钻至井深 1627m，观测到钻井液槽面出现 75% 的气泡，槽面上涨 2~3cm，钻井液密度为 1.23g/cm³；钻至井深 2995.1m，钻井液槽面布满气泡，槽面上涨 5~15cm，钻井液密度为 1.4g/cm³—1.0g/cm³—1.33g/cm³，并且具有间歇外涌现象；钻至井深 3810m，观测到钻井液槽面出现 25% 的气泡，钻井液密度为 1.88g/cm³—1.87g/cm³—1.88g/cm³。

2.3.2.2 扎2井复杂情况

扎2井共发生外溢 3 次，井涌 3 次。

（1）2011 年 10 月 20 日 3：50 钻进至井深 3290.07m，快钻时地质循环至 5：10，全烃由 0.30% 升至 100%，池面（自 4：30 至 5：10）上涨 7m³，钻井液密度由 1.17g/cm³ 降至 0.96g/cm³，黏度由 54s 升至 100s，氯离子含量由 1775mg/L 升至 2130mg/L，槽面见 1cm 宽的褐色条带状油花和 1% 针孔状气泡，取气样点燃，焰色上黄下蓝，焰高 5cm，燃时 1s。

（2）2011 年 10 月 23 日 16：44 循环钻井液，发生井涌，涌高 0.80m（转盘面以上），槽面见 10% 条带状油花及 20% 针孔状气泡，取气样点燃，燃时 3s，焰高 8cm，焰色上黄下蓝。涌出密度为 0.96g/cm³、黏度为 152s 的原油、钻井液、天然气混合物约 2.5m³，17：14 开井，17：26 循环加重钻井液，钻井液密度由 0.96g/cm³ 先升至 1.23g/cm³ 后升至 1.38g/cm³，恢复正常。

（3）2011 年 10 月 24 日 13：38 循环钻井液时发生井涌，涌高 0.50m（转盘面以上），槽面见 10% 条带状油花及 20% 针孔状气泡，取气样点燃，燃时 2s，焰高 5cm，焰色上黄下蓝。

密度为 1.30g/cm³、黏度为 196s 的原油、钻井液、天然气混合物约 1m³。14：05 开井，15：42循环钻井液，钻井液密度由 1.30g/cm³ 先降至 1.06g/cm³ 后升至 1.38g/cm³，黏度由 196s 先升至 200s 后降至 67s。

（4）2011 年 10 月 25 日 9：03 循环钻井液时发生井涌，涌高 0.50m（转盘面以上），槽面见 10%条带状油花及 30%针孔状气泡，取气样点燃，燃时 2s，焰高 5cm，焰色上黄下蓝。涌出密度为 0.96g/cm³、黏度为 190s 的原油、钻井液、天然气混合物约 1m³。9：17 开井，11：00 循环钻井液，钻井液密度由 0.96g/cm³ 升至 1.38g/cm³，黏度由 190s 降至 80s。

（5）2011 年 10 月 26 日 7：42 循环钻井液时发生溢流，钻井液密度由 1.38g/cm³ 先降至 0.96g/cm³ 后升至 1.37g/cm³，黏度由 102s 先升至 260s 后降至 100s，槽面见 10%条带状油花及 30%针孔状气泡，池面上涨 1.5m³，取气样点燃，燃时 3s，焰高 10cm，焰色上黄下蓝。

（6）2011 年 10 月 26 日循环钻井液时发生溢流，钻井液密度由 1.39 g/cm³ 先降至 0.94g/cm³ 后升至 1.37g/cm³，黏度由 80s 先升至 180s 后降至 100s，槽面见 10%条带状油花及 20%针孔状气泡，池面上涨 1.0m³，取气样点燃，燃时 3s，焰高 10cm，焰色上黄下蓝（表 2.28）。

2.3.2.3　扎 201 复杂情况

扎 201 井共发生外溢 4 次。

（1）2012 年 7 月 7 日 16：20 钻至井深 3272.50m，发生外溢，溢出密度为 1.30g/cm³、黏度为 50s 的钻井液，出口电导率为 1.81S/m，出口温度为 49.7℃，氯离子含量为 5381mg/L无变化。17：00 出心期间，溢出钻井液 0.5m³，溢速为 0.75m³/h，钻井液性能无变化。23：50 下钻期间，溢出钻井液 5.1m³，平均溢速为 0.75m³/h，钻井液性能无变化。

（2）2012 年 7 月 15 日 6：20 井深 3456.30m，停泵时发现井口溢流，6：40 静止观察，井口溢出密度为 1.34g/cm³、黏度为 54s 的钻井液，平均溢速为 0.81m³/h。08：00 循环钻井液，密度由 1.34g/cm³ 降至 1.14g/cm³，黏度由 50s 升至 70s。

（3）2012 年 7 月 15 日 08：00—14：20 循环加重钻井液，密度由 1.14g/cm³ 升至 1.36g/cm³，黏度 70s，16：00 静止观察，井口溢出密度为 1.36g/cm³、黏度为 70s 的钻井液，平均溢速为 0.36m³/h。到 17：30 循环钻井液；18：00 关井求压，立压 4MPa，套压 3MPa 无变化；22：36 循环加重钻井液，密度由 1.36g/cm³ 升至 1.45g/cm³；00：52 静止观察；井口溢出密度为 1.45g/cm³、黏度为 70s 的钻井液 0.07m³，平均溢速为 0.03m³/h；08：00 循环处理钻井液。

（4）2012 年 7 月 16 日 22：40—00：50 循环加重钻井液，密度由 1.39g/cm³ 升至 1.45g/cm³，黏度为 70s，00：50 静止观察，恢复正常（表 2.28）。

2.3.2.4　扎 3 井复杂情况

扎 3 井发生外溢 2 次。

（1）2012 年 4 月 22 日 21：30 钻至井深 2634.00m，钻头位置 2634.00m，发现外溢，溢出密度为 1.16g/cm³、黏度为 49s 的钻井液。21：40 共溢出钻井液 5.5m³，平均溢速为 33.0m³/h，钻井液密度由 1.16g/cm³ 降至 1.14g/cm³，黏度由 49s 降至 43s，出口电导率由 1.78S/m 升至 1.88S/m，氯离子含量为 2836mg/L 无变化。23：50 循环加重钻井液，密度由

1.14g/cm³升至 1.19g/cm³，00：10 静止观察，恢复正常。

（2）2012 年 5 月 5 日 00：00 钻至井深 3244.05m，钻头位置 3244.05m，发现外溢，当时钻井液密度为 1.24g/cm³，黏度 56s。00：55 地质循环，共溢出钻井液、原油混合物 3.0m³，平均溢速为 3.27m³/h，密度由 1.24g/cm³先降至 1.00g/cm³后升至 1.08g/cm³，黏度从 56s 升高至 70s，全烃由 0.60%先升至 100%后降至 24.66%，出口电导率由 1.84S/m 降至 1.65S/m，氯离子含量为 45mg/L 无变化。06：50 循环加重钻井液，入口密度由 1.24g/cm³升至 1.33g/cm³，出口密度由 1.33g/cm³降至 1.29g/cm³，静止观察，井口正常（表 2.28）。

表 2.28　邻井外溢、井涌情况统计

井号	序号	层位	外溢井段（m）	钻井液性能		外溢量（m³）	溢速（m³/h）
				密度（g/cm³）	黏度（s）		
扎2	1	N₁	3289.0~3290.07	1.17↓0.96↑1.07	54↑100↓76	7.0	2.80
	2		3289.0~3290.07	1.28↓0.96↑1.38	70↑152↓76	2.5	1.53
	3		3289.0~3290.07	1.38↓1.06↑1.38	86↑200↓67	1	1.43
	4		3289.0~3290.07	1.38↓0.96↑1.37	84↑190↓80	1	1.11
	5		3289.0~3290.07	1.38↓0.96↑1.37	102↑260↓100	1.5	2.2
	6		3289.0~3290.07	1.39↓0.94↑1.37	80↑180↓100	1	1
扎201	1	N₁	3271.50~3272.50	1.30	50	5.60	0.75
	2		3455.00~3456.30	1.34	54	0.27	0.81
	3		3455.00~3456.30	1.36	70	0.60	0.36
	4		3455.00~3456.30	1.39	70	0.07	0.03
扎3	1	N₂¹	2568.00~2572.00	1.16↓1.14	49↓43	5.50	33.00
	2	N₁	3241.00~3243.00	1.24↓1.00↑1.08	56↑滴流↓70	3.00	3.27
扎210	1	N₁	3524.00~3527.00	1.30↓1.13↑1.30	60↓26↑43	16	13.68
	2		3524.00~3527.00	1.30↓1.09↑1.30	50↓25↑45	22	88

2.3.2.5　扎210井复杂情况

扎 210 井发生外溢 2 次。

（1）2014 年 6 月 7 日 8：45 下钻到底循环钻井液至 9：35，其间溢流 1m³，9：35 至 9：55 放油气水混合物 15m³，平均溢速为 13.68m³/h，其间密度由 1.30g/cm³先降至 1.13g/cm³后升至 1.30g/cm³，黏度由 60s 先降至 26s 后升至 43s，9：55 至 10：05 关井求压，套压和立压均为 0。12：30 循环处理钻井液，恢复正常。

（2）2014 年 6 月 8 日 11：50 下钻到底，12：40 循环钻井液，12：55 放油气水混合物 22m³，平均溢速为 88m³/h，其间密度由 1.30g/cm³先降至 1.09g/cm³后升至 1.30g/cm³，黏度由 50s 先降至 25 后升至 45s，13：10 循环钻井液，恢复正常（表 2.28）。

由上述可见，在钻井过程中应根据实际情况调整钻井液密度，注意防止井漏、溢流、水侵等情况的出现。

参 考 文 献

［1］王海峰．柴达木盆地扎哈泉地区 N_1 油藏地质特征研究［D］．成都：西南石油大学，2013．

［2］张津宁．柴达木盆地西部生储盖岩系构造演化与油气成藏特征［D］．西安：西北大学，2016．

［3］石金华．柴西南扎哈泉地区致密油形成机理及分布预测［D］．北京：中国地质大学(北京)，2016．

［4］郑茜．扎哈泉地区上干柴沟组下段致密油藏源、储参数测井评价［D］．西安：西北大学，2015．

［5］张子介．柴达木盆地扎哈泉上干柴沟组上段储层含油性测井评价［D］．西安：西北大学，2016．

［6］魏恒飞，关平，王鹏，等．柴达木盆地滩坝沉积特征、成因及沉积模式：以扎哈泉地区上干柴沟组为例［J］．高校地质学报，2019，25(4)：568-577．

第3章 制约钻速的敏感因素分析

3.1 扎哈泉区块已钻井基本情况

扎哈泉构造是1980年经过二维地震勘探发现的，至2000年为了进一步落实扎哈泉及其周缘的构造情况，在扎哈泉地区部署了三维地震128.8km²，基本落实了扎哈泉的构造形态。1984年在其构造高部位钻扎1井，完钻井深3200m，2002年在扎哈泉的扎西构造钻探了扎西1井，完钻井深4720m，这两口井均有油气发现，证明扎哈泉构造为一含油构造。2010年通过对三维地震资料的再次解释，证实扎哈泉背斜为一完整的背斜构造，是扎哈泉凹陷内从古—始新世抬升的继承性隆起而形成的背斜构造。2011年起扎哈泉区块开始规模部署探井与评价井钻探，至2013年底累计完钻12口井，均为直井，平均井深3560m。

扎哈泉共钻遇8套地层，从上到下依次为第四系七个泉组（Q_{1+2}）、新近系狮子沟组（N_2^3）、上油砂山组（N_2^2）、下油砂山组（N_2^1）、上干柴沟组（N_1），古近系下干柴沟组上段（E_3^2）、下干柴沟组下段（E_3^1）和路乐河组（E_{1+2}）。地层层序及主要岩性见表3.1。

表3.1 扎哈泉地层层序及主要岩性

地层时代					设计分层		主要岩性描述
界	系	统	组	代号	底界(m)	厚度(m)	
新生界	第四系	更新统	七个泉组	Q_{1+2}	430	430	岩性以棕黄色砂质泥岩、棕黄色泥岩、细砾岩为主
	新近系	上新统	狮子沟组	N_2^3	860	430	岩性以棕褐色、棕黄色泥岩、砂质泥岩为主
			上油砂山组	N_2^2	1500	640	棕褐色、棕灰色泥岩、砂质泥岩、泥质粉砂岩互层
		中新统	下油砂山组	N_2^1	2500	1000	岩性以棕灰色、棕褐色、灰色泥岩、砂质泥岩及棕灰色、灰色泥质粉砂岩为主
			上干柴沟组	N_1	3080	580	岩性以灰色泥岩、砂质泥岩及泥质粉砂岩为主
	古近系	渐新统	下干柴沟组上段	E_3^2	4320	1240	岩性以棕红色、棕褐色泥岩、砂质泥岩、含砾砂岩、砾状砂岩为主
			下干柴沟组下段	E_3^1	4700	385	岩性以棕红色、棕褐色泥岩、砂质泥岩、含砾砂岩、砾状砂岩为主
		始新统	路乐河组	E_{1+2}	4750	50	岩性以棕红色泥岩、砂质泥岩为主
		古新统					

扎哈泉已完钻井中除扎探1井在路乐河组（E_{1+2}）完钻以外，其他井均在上干柴沟组（N_1）完钻，所钻遇地层岩性均以砂泥岩为主。主要目的层为上干柴沟组（N_1），N_1储层以岩屑长石砂岩为主，碎屑颗粒粒度细，分选较好，平均孔隙度为9.9%，平均渗透率为10.7mD，属于低孔隙度、中低渗透储层，储集条件较好。扎哈泉区块储层埋深在3000m左右，总体上属于正常压力系统，东南部扎2井区上干柴沟组压力偏高，压力系数最高达1.5；地温梯度为3.42℃/100m，属于正常偏高温度系统。

调研分析扎哈泉已完钻12口井完井技术总结报告，其中预探井7口、评价井5口，整理钻井技术指标见表3.2。

表3.2 扎哈泉完钻井技术指标

序号	年份	井号	井别	井深（m）	钻井周期（d）	完井周期（d）	平均机械钻速（m/h）
1	2011	扎2	预探井	3500	102.13	111.71	4.11
2	2012	扎3	预探井	3500	56.72	66.68	6.28
3		扎4	预探井	3650	51.25	59.92	6.11
4		扎5	预探井	3600	50.21	60.50	8.04
5		扎201	评价井	3550	53.73	62.88	6.84
6	2013	扎202	评价井	3600	60.21	74.33	5.34
7		扎203	评价井	3570	56.25	60.08	6.66
8		扎204	评价井	3600	56.52	71.79	6.54
9		扎205	评价井	3600	44.05	53.31	6.72
10		扎7	预探井	3800	56.95	67.08	5.37
11		扎8	预探井	3100	40.25	48.48	7.49
12		扎9	预探井	3650	54.83	71.29	4.45
平均				3560	56.9	67.52	6.16

已钻井钻头使用情况见表3.3，平均单井使用钻头11只，整体机械钻速不高，单井平均PDC钻头用量和进尺逐年提高。部分井使用钻头效果较好，如GD1905、MS1952SS和M519等，如图3.1所示，机械钻速可达10~15m/h，最高进尺达1700m，均在二开井段。

表3.3 扎哈泉钻头应用统计

年份	井号	钻头用量（只）	平均机械钻速（m/h）	PDC口井用量（只）	PDC机械钻速（m/h）	PDC进尺比例（%）
2011	扎2	15	4.11	1	1.55	2.00

续表

年份	井号	钻头用量（只）	平均机械钻速（m/h）	PDC 口井用量（只）	PDC 机械钻速（m/h）	PDC 进尺比例（%）
2012	扎3	8	6.28	4	5.64	48.50
	扎4	11	6.11	8	5.68	70.80
	扎5	6	8.04	4	5.93	36.90
	扎201	8	6.84	4	5.86	63.50
2013	扎202	10	5.34	7	5.31	84.70
	扎203	11	6.66	6	7.59	87.60
	扎204	10	6.54	7	4.91	83.90
	扎205	12	6.72	5	10.29	86.10
	扎7	15	5.37	9	7.31	89.30
	扎8	11	7.49	6	12.43	85.90
	扎9	11	4.5	10	4.23	91.5

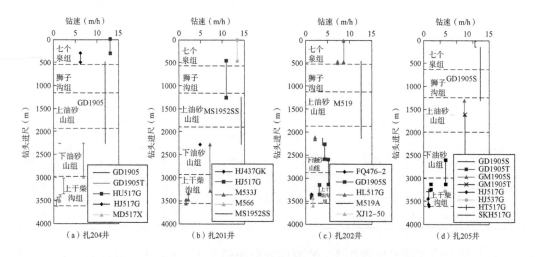

图 3.1　扎哈泉部分井钻头进尺与钻速情况

扎哈泉地区地层倾角普遍较小，平均值为 4°~8°；实钻大部分井斜角在 5°以内，个别井井斜超过 6°，已钻井井斜情况如图 3.2 所示。由此可见，该地区未发生严重井斜。

扎哈泉已钻井平均钻井时效如图 3.3 所示，可见纯钻时效较低，仅为 37.8%，辅助及非生产时间较长，分别占 8.87%和 11.7%，影响了整体完井周期。非生产时间中，组织停工和修理时间占一大部分，平均单井时间分别为 3.14 天和 3.03 天，占比分别为 34.5%和 33.3%。可通过规范操作、加强工序衔接、加强组织管理等措施予以控制，即通过管理手段提速。

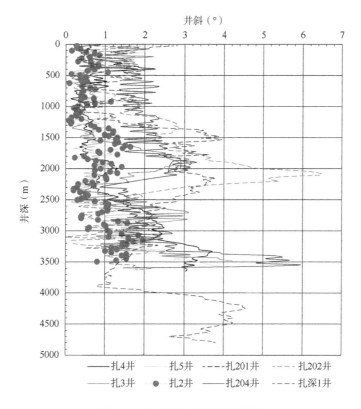

图 3.2 扎哈泉已钻井井斜情况

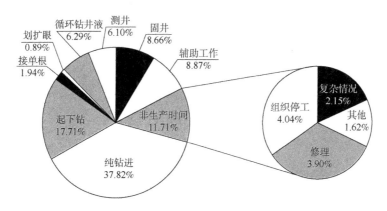

图 3.3 扎哈泉已钻井平均钻井时效分析情况

3.2 扎哈泉钻井难点分析

通过对前期 12 口完成井钻完井及测、录、试资料的系统分析，查找制约该区块钻速的影响因素，为下一步开展钻井提速提效指明目标和方向。研究发现，扎哈泉区域存在以下问题及难点[1]。

（1）钻头选型未形成序列化，针对性不强，钻速慢。

扎哈泉前期完钻的 12 口井共应用 34 种不同型号钻头，统计见表 3.4，其中牙轮钻头 13 种，PDC 钻头 21 种。牙轮钻头以 HJ517G、SHT22RG 和 SKH517G 等为主，PDC 钻头以沧州格锐特、衡水蛟龙和新锋锐等厂家的产品为主。平均单井钻头用量 11 只，其中 PDC 钻头 6 只，平均机械钻速为 6.16m/h，绝大部分钻头机械钻速和单只进尺较低(图 3.4)，使用效果较差。

表 3.4　已钻井钻头型号统计

类型	型　　　号	种类(种)
牙轮钻头	HA517G、HJ437、HJ437G、HJ517G、HJ537G、HL517G、HL519、HT517G、MD517、MD517X、SHT22RG、SKH517G、ST517GK	13
PDC 钻头	FR1955、XJ12－50、GD1605、GD1605T、GD1905、GD1905S、GD1905T、GM1905S、GM1905T、GM1905TX、GP1975、M533J、M566、M519A、MS1952SS、P3416LR、P3516LSD-A、P3519LD、P3519LS、P5616S-A、RS1651D	21

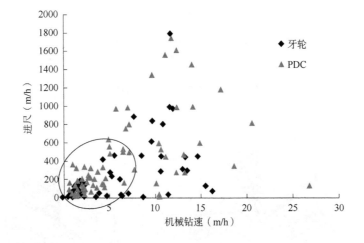

图 3.4　已钻井钻头指标情况

3000m 以下的上干柴沟组(N_1)，大部分使用牙轮钻头，平均机械钻速仅为 2.01m/h，如图 3.5 所示。统计 12 口井，上干柴沟组进尺占总进尺 20%左右，而钻井周期占总时间的 55%左右，反映出深部上干柴沟组(N_1)可钻性差，该层位的钻井提速对提高整体钻速影响重大，开展地层可钻性研究、科学优选钻头是扎哈泉钻井提速的重要措施[2]。

（2）区域地层压力分布认识不清，井身结构设计有待优化。

扎哈泉已钻井全部采用三开井身结构，一开套管下深 300m 左右，二开套管下至 1200～2300m，三开下至油层。而实钻中，已钻井纵向上地层压力较稳定且没有异常高压显示，仅在深部上干柴沟组(N_1)部分井钻遇异常高压(图 3.6)。钻井过程中无漏失情况发生，无严重的溢喷塌卡事故。地层破裂试验显示地层破裂压力很高，基本在 2.0g/cm³ 以上，这就显示出扎哈泉地区地层压力窗口较宽，前期钻井地层压力分布认识不清、井身结构设计针对性不强，影响了钻井整体进度，经分析认为井身结构可进一步优化以缩短钻井周期。

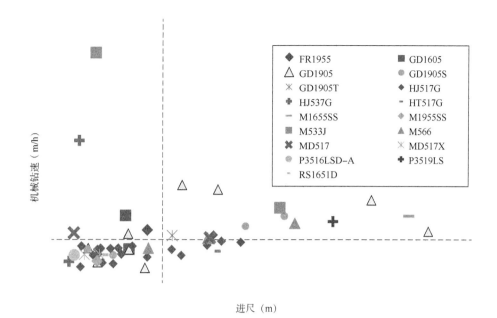

图 3.5 上干柴沟组(N_1)钻头使用情况

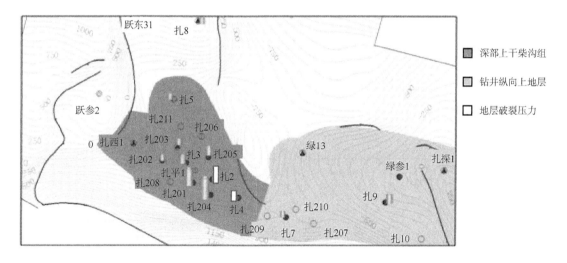

图 3.6 实钻使用最高钻井液密度区域情况

（3）钻井液性能设计及维护不合理带来溢流、阻卡等钻井复杂事故。

上干柴沟组(N_1)以上地层前期钻井液密度设计为 $1.05\sim1.10\mathrm{g/cm^3}$，上干柴沟组钻井液密度设计为 $1.25\sim1.30\mathrm{g/cm^3}$。而实钻中，部分井出现溢流情况，提高钻井液密度后因性能维护不到位出现阻卡复杂，以及因提高密度导致压差卡钻复杂。已钻井溢流和阻卡情况统计分别见表 3.5 和表 3.6，可见溢流损失时间为 $11\sim24\mathrm{h}$，阻卡复杂损失时间约 $40\mathrm{h}$。以扎 204 井为例，该井在 3565m 左右发生溢流，密度为 $1.30\mathrm{g/cm^3}$，溢速为 $0.71\mathrm{m^3/h}$，提高密度至 $1.68\sim1.74\mathrm{g/cm^3}$，接单根下放时发生黏卡，卡点 3450m，注解卡液解卡，损失 58h。这些钻井复杂反映出前期钻井液密度设计不尽合理，且性能维护有待加强[3]。

表 3.5 扎哈泉已钻井溢流分析结果

井号	井深（m）	层位	外溢井段（m）	外溢量（m³）	溢速（m³/h）	密度（g/cm³）	黏度（s）	失水（mL）	氯离子含量（mg/L）	处理情况	损失时间（h）
扎2	3290.07	N_1	3289~3290	7.00	2.8	1.17↓ 0.96↑ 1.07	54↑ 100↓ 76	6	2130	提高密度至 1.38g/cm³	23.68
				2.50	1.53	1.28↓ 0.96↑ 1.38	70↑ 152↓ 76	5	2130		
				1.00	1.43	1.38↓ 1.06↑ 1.38	86↑ 200↓ 67	5	2130	循环处理	
				1.00	1.11	1.38↓ 0.96↑ 1.37	84↑ 190↓ 80	6	2130		
				1.50	2.2	1.38↓ 0.96↑ 1.37	102↑ 260↓ 100	6	2130		
				1.00	1	1.38↓ 0.96↑ 1.37	80↑ 180↓ 100	5	2130		
扎3	2634	N_2^1	2568~2572	5.50	33	1.16↓ 1.14	49↓43	8	2836	提高密度至 1.19g/cm³	缺失数据
	3244.05	N_1	3241~3243	3.00	3.27	1.24↓ 1.0↑ 1.08	56↓ 滴流↑ 70	8	4545	提高密度至 1.33g/cm³	
扎5	2265.95	N_2^1	2262~2264	0.55	1.32	1.07↓ 1.05	45↓29	8	8154	提高密度至 1.14g/cm³	
扎201	3275.5	N_1	3271~3272	5.60	0.75	1.3	50	6	5381	提高密度至 1.35g/cm³	11
	3456.3	N_1	3455~3456	0.27	0.81	1.34	54	6	35450	提高密度至 1.36g/cm³	17.67
				0.60	0.36	1.36	70	6	35450	提高密度至 1.45g/cm³	
				0.07	0.03	1.39	70	6	35450	提高密度至 1.68g/cm³	

井号	井深（m）	层位	外溢井段（m）	外溢量（m³）	溢速（m³/h）	密度（g/cm³）	黏度（s）	失水（mL）	氯离子含量（mg/L）	处理情况	损失时间（h）
扎204	3530.28	N_1	3564.73	—	0.71	1.30↓1.17	45↑105↓95	缺失数据		提高密度至1.68g/cm³	
扎深1	2954.57	N_1	气侵，全烃，7.10%↑99.27%			1.21↓1.11↓1.08	缺失数据			提高密度至1.39g/cm³	缺失数据
	4346.71	E_3^1	气侵，全烃，25.4%↑99.94%			1.60↓1.57	39↑42↓41	↑29	20035	提高密度至1.65g/cm³	

表 3.6 已钻井阻卡情况分析

类型	井号	井深（m）	层位	密度（g/cm³）	事故经过及处理措施	损失时间（h）
遇卡	扎2	1802	N_2^2	1.16	二开完钻后上提至354m遇阻，下震击器解卡	34.5
	扎202	3067	N_1	1.17	下电测仪器遇卡，穿心打捞	42.33
		2980	N_1	1.16		45
	扎203	2082.88	N_2^1	1.08	373.78m时上提遇卡，卡点364m，多次活动钻具，还发生失返性漏失，漏失42m³，下震击器解卡	41.33
	扎204	3564.73	N_1	1.74	接单根下放时发生黏卡，卡点3450m，注解卡液解卡	57.58
	扎205	2606.54	N_2^1	1.11	起钻至井深2431.24m，发生卡钻，上提下放钻具解卡	4.17
平均						35.7

以扎203井为例，下油砂山组（N_2^1）中下部及上干柴沟组（N_1）中部井眼最大扩径率达30%，而在下油砂山组（N_2^1）上部井眼缩径最高达5%。因此，需要进一步强化钻井液抑制性及性能维护处理，以保持钻井井壁稳定，减少复杂发生，利于整体钻井周期的缩短。

针对以上分析得出的扎哈泉钻井面临的问题与难点，开展相对应的理论研究与试验研究，形成扎哈泉钻井提速综合配套技术。

3.3 影响钻速的主要因素

除了岩石特性和钻头类型对钻速有重要影响外，钻进过程中的钻压、转速、水力因素、钻井液性能以及钻头的牙齿磨损等也是影响钻速的主要因素[4]。

3.3.1　钻压对钻速的影响

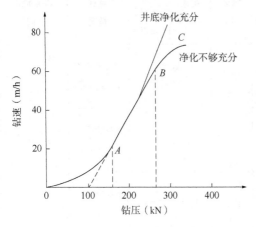

图 3.7　钻压与钻速的关系曲线

在钻进过程中，钻头牙齿在钻压的作用下吃入地层、破碎岩石，钻压的大小决定了牙齿吃入岩石的深度和岩石破碎体积的大小，因此钻压是影响钻速的最直接和最显著的因素之一。关于钻压对钻速的影响，人们进行了长期的研究工作。油田现场的大量钻进实践表明，在其他钻进条件保持不变的情况下，钻压与钻速的典型关系曲线如图 3.7 所示。由图 3.7 可以看出，钻压在较大的变化范围内与钻速近似于线性关系。目前，实际钻井中通用的钻压取值一般在图中 AB 这一线性关系范围内变化。这主要是因为在 A 点之前，钻压太低，钻速很慢；在 B 点之后，钻压过大，岩屑量过多，甚至牙齿完全吃入地层，井底净化条件难以改善，钻头磨损也会加剧，钻压增大，钻速改进效果并不明显，甚至使钻进效果变差。因而，实际应用中，以图 3.7 中的直线段为依据建立钻压与钻速的定量关系，即

$$v_{pc} \propto (W - M) \tag{3.1}$$

式中　v_{pc}——钻速，m/h；

　　　W——钻压，kN；

　　　M——门限钻压，kN。

门限钻压是 AB 线在钻压轴上的截距，相当于牙齿开始压入地层时的钻压，其值的大小主要取决于岩石性质，并具有较强的地区性。不同地区的门限钻压不可以相互引用[5]。

3.3.2　转速对钻速的影响

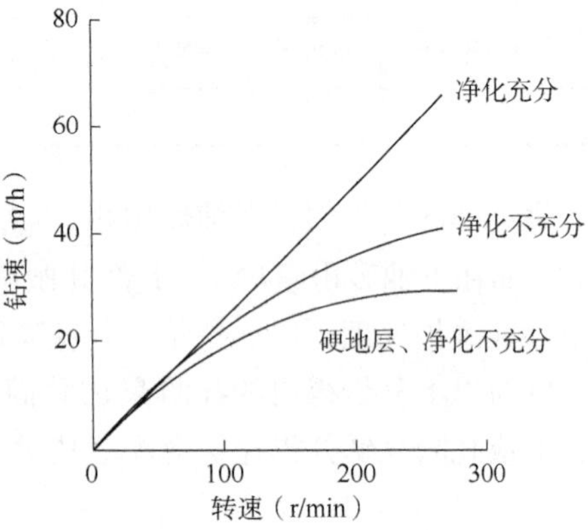

转速对钻速的影响人们早已认识到，并已研究解决。随着转速的提高，钻速以指数关系变化，但指数一般小于1。其原因主要是转速提高后，钻头工作刃与岩石接触时间缩短，每次接触时的岩石破碎深度减少。这反映了岩石破碎时的时间效应问题。在钻压和其他钻井参数保持不变的条件下，转速与钻速的关系曲线如图 3.8 所示。其关系表达式为：

$$v_{pc} \propto n^{\lambda} \tag{3.2}$$

图 3.8　转速与钻速的关系曲线

式中　λ——转速指数，一般小于1，数值大小与岩石性质有关；

　　　n——转速，r/min。

3.3.3 牙齿磨损对钻速的影响

钻进过程中钻头在破碎地层岩石的同时，其牙齿也受到地层的磨损。随着钻头牙齿的磨损，钻头工作效率将明显下降，钻速也随之降低。若钻压、转速保持不变，则钻速与牙齿磨损量的数学表达式可写成：

$$v_{pc} \propto \frac{1}{1 + C_2 h} \tag{3.3}$$

式中　C_2——牙齿磨损系数，与钻头齿形结构和岩石性质有关，它的数值需由现场数据统计得到；

　　　h——牙齿磨损量，以牙齿的相对磨损高度表示，即磨损掉的高度与原始高度之比，新钻头时 $h = 0$，牙齿全部磨损时 $h = 1$。

3.3.4 水力因素对钻速的影响

在钻进过程中，及时有效地把钻头破岩产生的岩屑清离井底，避免岩屑的重复破碎，是提高钻速的一项重要手段。井底岩屑的清洗是通过钻头喷嘴所产生的钻井液射流对井底的冲洗来完成的。表征钻头及射流水力特性的参数统称为水力因素。水力因素的总体指标通常用井底单位面积上的平均水功率(称为比水功率)来表示。1975 年，美国阿莫科公司研究中心发表了钻速与井底比水功率的关系曲线(图 3.9)。图 3.9 表明，一定的钻速意味着单位时间内钻出的岩屑总量一定，而该数量的岩屑

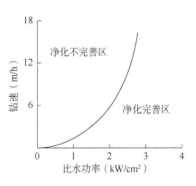

图 3.9 井底比水功率与钻速的关系曲线

需要一定的水功率才能完全清除，低于这个水功率值，井底净化就不完善。若钻进时的实际水功率落入图 3.9 中的净化不完善区，则实际钻速就比净化完善时的钻速低，如果此时增大水功率，使井底净化条件得到改善，则钻速会在其他条件不变的情况下增大。因而，水力因素对钻速的影响，主要表现在井底水力净化能力对钻速的影响。水力净化能力通常用水力净化系数 C_H 表示，其含义为实际钻速与净化完善时的钻速之比。即

$$C_H = \frac{v_{pc}}{v_{pcs}} = \frac{P}{P_s} \tag{3.4}$$

式中　v_{pcs}——净化完善时的钻速，m/h；

　　　P——实际比水功率，kW/cm^2；

　　　P_s——净化完善时所需的比水功率，kW/cm^2。

应引起注意的是，式(3.4)中的 C_H 值应小于等于 1，即当实际水功率大于净化所需的水功率时，仍取 $C_H = 1$。其原因是，井底达到完全净化后，水功率的提高，不会再由于净化而进一步提高钻速。

水力因素对钻速的影响还表现为另外一种形式，就是水力能量的破岩作用。

当水功率超过井底净化所需的水功率后，机械钻速仍有可能增加。水力破岩作用对钻速

的影响主要表现为使钻压与钻速关系中的门限钻压降低。

3.3.5 钻井液性能对钻速的影响

钻井液性能对钻速的影响规律比较复杂，其复杂性不仅在于表征钻井液性能的各参数对钻速都有不同程度的影响，而且几乎不可能在改变钻井液某一性能参数时不影响其他性能参数的变化。因此，要单独评价钻井液的某一性能对钻速的影响相当困难。大量的试验研究表明，钻井液的密度、黏度、失水量和固相含量及其分散性等都对钻速有不同程度的影响[6]。

（1）钻井液密度对钻速的影响：钻井液密度的基本作用在于保持一定的液柱压力，用以控制地层流体进入井内。钻井液密度对钻速的影响，主要表现为由钻井液密度决定的井内液柱压力与地层孔隙压力之间的压差对钻速的影响。室内实验和钻井实践证明，压差增加，将使钻速明显下降。其主要原因是井底压差对刚破碎的岩屑有压持作用，阻碍井底岩屑的及时清除，影响钻头的破岩效率。在低渗透性岩层内钻进时，压差对钻速的影响比在高渗透性岩层内的影响更大，这是由于钻井液更难以渗入低渗透性的岩层孔隙，不能及时平衡岩屑上下的压力差。鲍格因（A. T. Bourgoyne）等人通过对以往的大量试验数据进行分析、处理指出，压差与钻速的关系式为：

$$v_{pc} = v_{pc0} e^{-\beta \Delta p} \tag{3.5}$$

式中　　v_{pc} ——实际钻速，m/h；

　　　　v_{pc0} ——零压差时的钻速，m/h；

　　　　Δp ——井内液柱压力与地层孔隙压力之差，MPa；

　　　　β ——与岩石性质有关的系数。

实际钻速与零压差条件下的钻速之比称为压差影响系数，用 C_p 来表示，即

$$C_p = \frac{v_{pc}}{v_{pc0}} = e^{-\beta \Delta p} \tag{3.6}$$

（2）钻井液黏度对钻速的影响：钻井液的黏度并不直接影响钻速，它是通过对井底压差和井底净化作用的影响而间接影响钻速的。在一定的地面功率条件下，钻井液黏度的增大将会增大钻柱内和环空的压降，使得井底压差增大，井底钻头获得的水功率降低，从而使钻速减小。

（3）钻井液固相含量及其分散性对钻速的影响：钻井液固相含量、固相的类型及颗粒大小对钻速有很大影响，应严格控制固相含量，一般应采用固相含量低于 4% 的低固相钻井液。

进一步的研究还表明，固体颗粒的大小和分散度也对钻速有影响。实验证明，钻井液内小于 1μm 的胶体颗粒越多，它对钻速的影响就越大。固相含量相同时，分散性钻井液比不分散性钻井液的钻速低。固相含量越少，两者的差别越大。为了提高钻速，应尽量采用低固相不分散钻井液。

钻井实践证明，钻井液性能是影响钻速的极其重要的因素。但由于其对钻速的影响机理十分复杂，且钻井液性能常受井下工作条件的影响，难以严格控制，因此，至今没有一个能够确切反映钻井液性能对钻速影响规律的数学模式，作为优选钻井液性能的客观依据。

参 考 文 献

［1］杨启恩，姜双奎，钟原，等．扎哈泉地区水平井钻井提速技术探讨［J］．石油工业技术监督，2016，32（9）：31-32，49.

［2］魏士博．提高石油钻井速度的技术［J］．化学工程与装备，2021（4）：67-68.

［3］王守宴．钻井过程中钻井液漏失及溢流的判断［J］．西部探矿工程，2020，32（8）：49-52.

［4］于春阳．影响水平井钻井速度的因素及提速技术探析［J］．西部探矿工程，2019，31（8）：45-46.

［5］宋业渤．浅议影响钻井速度因素及提高钻速对策［J］．石化技术，2017，24（7）：34.

［6］高飞，赵雄虎，周超．钻井液中无机盐对机械钻速的影响规律研究［J］．石油钻探技术，2011，39（4）：48-52.

第4章 地层可钻性与钻头优选

针对扎哈泉区块钻井过程中机械钻速低的问题,尤其是上干柴沟组(N_1)钻速慢更为突出,开展扎哈泉地层岩石力学参数与钻头优选研究。

4.1 地层岩石力学参数研究

地层岩石力学参数是进行钻头选型的基础参数。地层岩石力学参数主要包括地层强度参数和弹性参数,弹性参数包括弹性模量和泊松比,而强度参数包括单轴抗压强度、内聚力(抗剪强度)、内摩擦角和抗拉强度等。

获取岩石力学参数的方法主要有两种:一种是通过岩心力学试验直接获取;另一种是通过测井资料间接获取。

通过岩心的力学试验直接获取力学参数的主要方法是应用三轴岩石力学试验设备,在模拟地层应力场、通过测量不同应力状态下岩心的应变程度,得出岩石的弹性模量、泊松比、内聚力以及内摩擦角等参数。

通过测井资料间接获取的方法是利用测井资料获得储层参数,计算获得的岩石弹性模量、泊松比、内聚力等岩石力学参数,是对地下岩石特性的综合反映。例如,测井资料中的声波、密度可间接反映岩石强度;泥质含量、井径则与岩石胶结强度具有对应关系。

利用测井资料的方法可以得到沿深度剖面的岩石力学参数变化规律,能够直观反映纵向上不同地层间的岩石力学性质变化规律,但是该方法的计算精度不是太高。通过岩心室内实验的方法得到的岩石力学参数可靠性较高,但是钻井取心成本高昂,且绝大多数井不会有全井剖面的取心。另外,进行力学试验的经济成本同样不低,故难以仅通过试验的方法得到垂深剖面的岩石力学参数。结合两种方法各自的优缺点,将二者结合,由有限岩心试验得到的力学参数值对测井方法得到的结果进行校正,进而可得到全井剖面的力学参数,经济可行、简单快捷,精度也相对有保障。

4.1.1 岩石力学参数理论模型

通过测井资料获得岩石力学参数的方法通常需要声波、密度、泥质含量等测井数据,其中声波测井数据又包含纵波和横波测井数据,但是通常测井资料中无横波数据资料。对泥岩地层通过纵波、密度、电阻率和伽马测井数据进行拟合得到横波测井数据,对砂岩地层采用测井行业经验模型计算横波数据。对于泥质含量测井数据,若没有该项测井直接解释结果,则可通过自然伽马(GR)测井数据进行计算[1]。

4.1.1.1 横波计算模型

基于扎哈泉地层岩性分布以砂、泥岩为主的特点,利用测井数据对横波进行定量计算,模型如下:

泥岩:
$$DTS = A_0 + A_1 \times DT + A_2 \times RHOB + A_3 \times RES + A_4 \times GR +$$
$$A_{11} \times DT^2 + A_{22} \times RHOB^2 + A_{33} \times RES^2 + A_{44} \times GR^2 \tag{4.1}$$

砂岩:
$$DTS = \cfrac{DT}{\left[1 - 1.15 \cfrac{\left(\cfrac{1}{RHOB}\right) + \left(\cfrac{1}{RHOB}\right)^3}{\exp\left(\cfrac{1}{RHOB}\right)} \right]^{1.5}} \tag{4.2}$$

式中 DTS——横波时差数据,s;

   DT——纵波时差测井数据,s;

   RHOB——密度,g/cm^3;

   RES——电阻率,$\Omega \cdot m$;

   GR——伽马测井数据;

   A——系数,由研究区域内已有横波测井数据拟合得到[2]。

4.1.1.2 弹性参数模型

岩石弹性参数可由纵横波测井数据及密度测井数据计算,而直接计算得到的数据为动态数据,模型如下:

动态弹性模量:
$$YMd = RHOB \times v_s^2 \times \frac{3v_p^2 - 4v_s^2}{v_p^2 - v_s^2} \tag{4.3}$$

动态泊松比:
$$PRd = \frac{v_p^2 - 2v_s^2}{2(v_p^2 - v_s^2)} \tag{4.4}$$

式中 YMd、PRd——动态弹性模量和动态泊松比;

   v_s——横波速度,km/s;

   v_p——纵波速度,与声波时差测井数据呈倒数关系,km/s。

岩石力学分析中常用的弹性参数为静态参数,静态参数与动态参数间有如下转换关系:

静态弹性模量:
$$YMs = A_1 \times YMd + A_2 \tag{4.5}$$

静态泊松比:
$$PRs = B_1 \times PRd + B_2 \tag{4.6}$$

式中 YMs、PRs——静态弹性模量和静态泊松比;

   A、B——转换系数,可通过室内声波测试实验获得。

通过单轴压缩试验可以测定如下常规岩石参数:

(1)岩石的单轴抗压强度(MPa),即岩石试件在单轴压力下达到破坏的极限强度,数值上等于破坏时的最大轴向应力,通常用 σ_c 表示:

$$\sigma_c = \frac{p}{A} \tag{4.7}$$

式中　p——破坏时所加的荷载，称为破坏荷载，kN/m^2；

　　　A——原始横断面积，m^2。

显然，式(4.7)是假定压缩力在断面上均匀分布时才成立的。从本质上讲，岩石单轴抗压强度就是侧向应力为零时的岩石抗剪强度。

（2）一般来讲，对弹性体施加一个外界作用力，弹性体会发生形状的改变，材料在弹性变形阶段，其应力和应变成正比例关系，其比例关系称为弹性模量。弹性模量的计算公式如下：

$$E = \frac{\Delta\sigma_z}{\Delta\varepsilon_z} \tag{4.8}$$

式中　E——应力—应变曲线的斜率，即单轴应力时，应力相对应变的变化率；

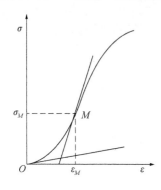

图 4.1　岩石各种模量的确定

　　　　　　　　$\Delta\sigma_z$、$\Delta\varepsilon_z$——轴向应力、应变的增量。

当轴向的应力—应变关系不成直线时，岩石的变形特征可以用以下几种模量说明，如图 4.1 所示。

① 初始模量，是应力—应变曲线在原点切线的斜率，即

$$E_{初}(0) = \frac{\mathrm{d}\sigma}{\mathrm{d}\varepsilon}\Big|_{\varepsilon=0} \tag{4.9}$$

② 切线模量，是对应于曲线上某一点 M 的切线的斜率，即

$$E_{割}(\varepsilon_M) = E_{sec}(\varepsilon_M) = \frac{\sigma_M}{\varepsilon_M} \tag{4.10}$$

割线模量与切线模量的关系为：

$$E_{割}(\varepsilon) = \frac{1}{\varepsilon}\int_0^\varepsilon E_{切}(\varepsilon')\mathrm{d}\varepsilon' \tag{4.11}$$

由初始弹性模量和不同轴压下的割线弹性模量可以计算出不同轴压下的切线弹性模量。采用测量应变的方法测量岩石应力常常要用到切线弹性模量。

4.1.1.3　强度参数模型

对于砂泥岩地层，国内外学者通用的单轴强度经验计算模型为：

$$UCS = A(1 - 2PRs)\left(\frac{1 + PRs}{1 - PRs}\right)^2 RHOB^2 v_p^4(1 + 0.78V_{clay}) \tag{4.12}$$

内聚力可通过 Mohr-Coulomb 准则简化为单轴应力状态时的模型：

$$CS = \frac{UCS[1 - \sin(FA)]}{2\cos(FA)} \tag{4.13}$$

抗拉强度也与单轴强度间有对应关系：

$$TS = \left(\frac{1}{20} \sim \frac{1}{12}\right)UCS \tag{4.14}$$

内摩擦角的经验模型有：

$$FA = 11v_p - 10.2 \ (泥岩) \tag{4.15}$$

$$FA = 57.8 - 105\phi \ (砂岩) \tag{4.16}$$

式中　v_p——纵波速度，km/s；

　　　V_{caly}——泥质含量；

φ——孔隙度，可由密度测井数据解释得到。

4.1.2 扎哈泉岩石力学分析结果

基于前述岩石力学参数确定方法，对扎哈泉区块力学参数进行定量计算，地层弹性参数和强度参数结果分别如图4.2和图4.3所示。

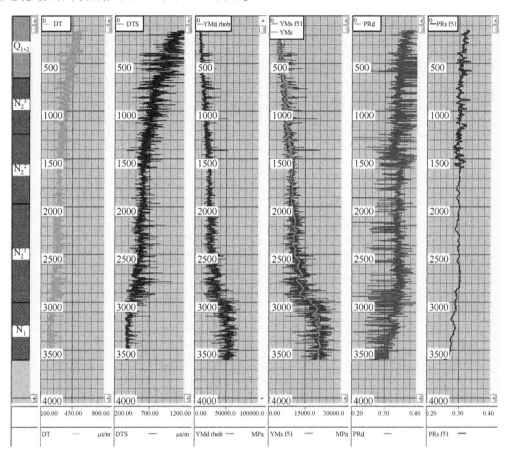

图 4.2　扎哈泉弹性参数结果

由力学结果可见，扎哈泉地区从上到下由七个泉组（Q_{1+2}）至下油砂山组（N_2^1）随埋深增加，地层岩石弹性模量（YMs）、单轴强度（UCS）、内聚力（CS）、抗拉强度（TS）和内摩擦角（FA）呈逐渐增大趋势，而泊松比（PRs）呈降低趋势，表现为地层强度逐渐增大，研磨性增强。至下油砂山组（N_2^1）中部，YMs 增大至 12000~15000MPa，UCS 增大至 80~100MPa，FA 增大至 35°，PRs 降至 0.28~0.3。而进入上干柴沟组（N_1）以后，地层强度参数和弹性模量明显比上部地层增大，弹性模量为 15000~27000MPa，单轴强度为 120~170MPa，内摩擦角为 35°~45°，泊松比比上部地层更低，数值为 0.2~0.29，反映该地层强度大，研磨性强。结合地层强度等级划分（表 4.1），上干柴沟组（N_1）以上属极软—中硬地层，研磨性低，可钻性好；而上干柴沟组（N_1）属硬—极硬地层，研磨性强，可钻性差，与实钻中上干柴沟组（N_1）机械钻速慢、钻头使用效果差相吻合。

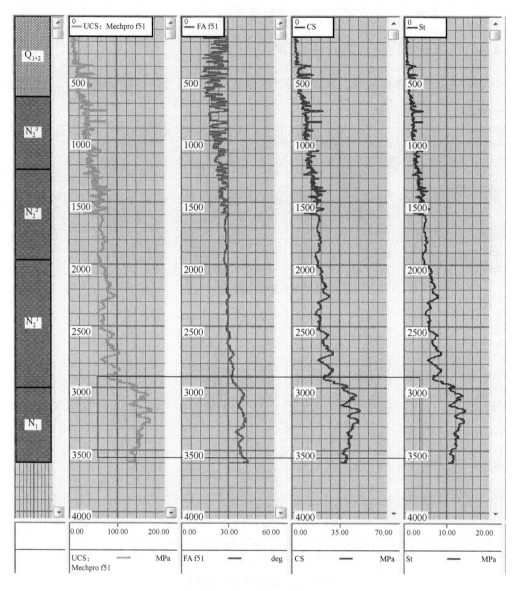

图 4.3　扎哈泉强度参数结果

UCS—单轴强度；FA—内摩擦角；CS—内聚力；St—拉伸强度

表 4.1　地层强度级别划分

USC（MPa）	地层硬度类别	地层强度级别	FA（°）	地层硬度级别	地层研磨级别
<28	极软	1~2	<15	极软	1~2
28~55	软	3	15~30	软	3
55~83	软—中硬	4	30~35	软—中硬	4
83~110	中硬—硬	5	35~40	硬	5~6
110~145	硬	6			
>145	极硬	7级以上	>40	极硬	7级以上

进一步对扎哈泉地层可钻性进行定量分析，结果如图 4.4 所示。结果显示：上油砂山组（N_2^2）及以上地层以泥岩为主，含极少量砂泥岩硬夹层，地层强度级别为 1~3，属极软—软地层，研磨级别为 1~3，研磨性弱；下油砂山组（N_2^1）以砂岩为主，地层软硬交错变强，强度级别为 4~5 级，内摩擦系数均值在 0.73 左右，研磨级别为 5~6 级；上干柴沟组（N_1）以砂岩为主，地层软硬交错进一步变强，强度级别为 5~6 级，30% 的砂岩层强度达 7 级以上，内摩擦系数均值在 0.88 以上，研磨级别在 7 级以上，具有极强研磨性。

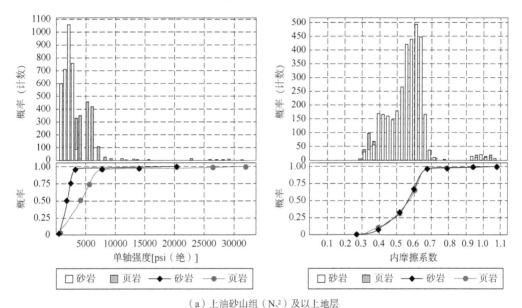

（a）上油砂山组（N_2^2）及以上地层

（b）下油砂山组（N_2^1）

图 4.4　扎哈泉地层可钻性定量分析

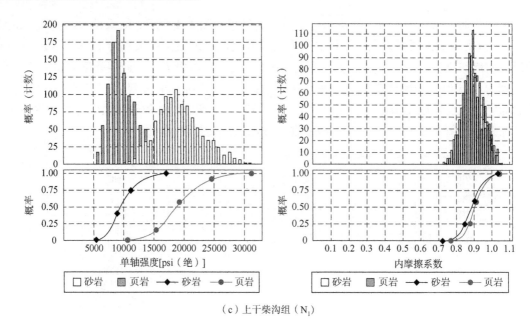

（c）上干柴沟组（N₁）

图 4.4 扎哈泉地层可钻性定量分析(续图)

4.2 扎哈泉钻头参数优化与选型

钻头是破碎岩石的主要工具，钻头质量的优劣，它与岩性及其他钻井工艺条件是否适应，将直接影响钻井速度、钻井质量和钻井成本。随着钻井工艺的要求及钻井技术的发展、材料和机械制造工业的发展，钻头的设计、制造和使用有了很大的发展，而且仍在发展之中。这种发展体现在新技术在钻头上的充分的、及时的应用，钻头的品种和使用范围不断扩大，钻头的技术及经济指标不断提高等方面。

石油钻井中使用的钻头分为牙轮钻头、金刚石材料钻头及刮刀钻头三大类。其中，牙轮钻头使用得较多，按完成的钻进进尺，牙轮钻头占总进尺的 80%～90%，而刮刀钻头用量最小，金刚石材料钻头按破岩元件材料分为天然金刚石钻头（常称金刚石钻头）、聚晶金刚石复合片钻头（简称 PDC 钻头）以及热稳定性聚晶金刚石钻头（简称 TSP 钻头）。

钻头尺寸以其钻出的井眼内径为公称尺寸，国际上已形成基本统一的系列常见钻头尺寸为 26in、20in、17½in、14¾in、12¼in、10⅝in、9½in、8½in、7⅞in、6½in、5⅞in、4¾in（1in＝25.4mm）。钻头的技术、经济指标包括钻头进尺、钻头工作寿命、钻头平均机械钻速和钻头单位进尺成本。

（1）钻头进尺：一个钻头钻进的井眼总长度。

（2）钻头工作寿命：一个钻头的累计总使用时间。

（3）钻头平均机械钻速：一个钻头的进尺与工作寿命之比。

（4）钻头单位进尺成本，表示为：

$$C_{pm} = \frac{C_b + C_r(t + t_t)}{H} \tag{4.17}$$

式中　C_{pm}——单位进尺成本，元/m；

$\qquad C_b$——钻头成本，元；

$\qquad C_r$——钻机作业费，元/h；

$\qquad t$——钻头钻进时间，h；

$\qquad t_t$——起下钻及接单根时间，h；

$\qquad H$——钻头进尺[3]，m。

4.2.1　钻头的选型及分类法

在钻井过程中，影响钻速的因素很多，诸如钻头类型、地层条件、钻井参数、钻井液性能和操作等。而根据地层条件合理地选择钻头类型和钻井参数，则是提高钻速、降低钻进成本的最重要环节。在对钻头的工作原理、结构特点以及地层岩石的物理机械性能充分了解以后，就能根据邻井相同地层已钻过的钻头资料，结合该井的具体情况选择钻头，并配以恰当的钻井参数，使之获得最好的技术、经济效果[4]。

牙轮钻头是应用范围最广的钻头，主要原因是改变不同的钻头设计参数（包括齿高、齿距、齿宽、移轴距、牙轮布置等），可以适应不同地层的需要。

（1）牙轮钻头选型的原则及应考虑的问题。

① 地层的软硬程度和研磨性。地层的岩性和软硬不同，对钻头的要求及破碎机理也不同。软地层应选择兼有移轴、超顶、复锥三种结构，牙轮齿形较大、较尖，齿数较少的铣齿或镶齿钻头，以充分发挥钻头的剪切破岩作用；随着岩石硬度增大，选择钻头的上述三种结构值应相应减小，牙齿也要减短、加密。牙齿齿形对地层的适应性问题已在上文做了详细介绍。

研磨性地层会使牙齿过快磨损，机械钻速迅速降低，钻头进尺少，特别容易磨损钻头的保径齿、背锥以及牙掌的掌尖，使钻头直径磨小，更严重的是会使轴承外露、轴承密封失效，加速钻头损坏。因此，钻研磨性地层，应选用有保径齿的镶齿钻头。

② 钻进井段的深浅。浅井段岩石一般较软，同时起下钻所需时间较短，应选用能获得较高机械钻速的钻头；深井段地层一般较硬，起下钻时间较长，应选用有较高总进尺的钻头。

③ 易斜地层。在易斜地层钻进时，地层因素是造成井斜的客观因素，而下部钻柱的弯曲以及钻头的选型不当则是造成井斜的技术因素。在易斜地层钻进应选用不移轴或移轴量小的钻头；同时，在保证移轴小的前提下，所选的钻头适应的地层应比所钻地层稍软，这样可以在较低的钻压下提高机械钻速。

④ 软硬交错地层。在软硬交错地层钻进时，一般应按其中较硬的岩石选择钻头类型，这样既能在软地层中有较高的机械钻速，也能顺利地钻穿硬地层。在钻进过程中钻井参数要及时调整，在软地层钻进时，可适当降低钻压并提高转速；在硬地层钻进时，可适当提高钻压并降低转速。

选用的钻头对所要钻的地层是否适合，要通过实践的检验才能下结论。对于同一地层使用过的几种类型的钻头，在保证井身质量的前提下，一般以"每米成本"作为评价钻头选型是否合理的标准[5]。

（2）牙轮钻头的分类及型号编码。

国内外对牙轮钻头都进行了系统的分类，命名了型号编码，对每类钻头基本上都标明了所适用的地层，为钻头选型提供了参考依据。

国产三牙轮钻头标准中规定，根据钻头结构特征，钻头分为铣齿钻头和镶齿钻头两大类，共 8 个系列，见表 4.2；钻头的类型与适应的地层见表 4.3。

表 4.2 国产三牙轮钻头系列

类别	系列名称		代号
	全称	简称	
铣齿钻头	普通三牙轮钻头	普通钻头	Y
	喷射式三牙轮钻头	喷射式钻头	P
	滚动密封轴承喷射式三牙轮钻头	密封钻头	MP
	滚动密封轴承保径喷射式三牙轮钻头	密封保径钻头	MPB
	滑动密封轴承喷射式三牙轮钻头	滑动轴承钻头	HP
	滑动密封轴承保径喷射式三牙轮钻头	滑动保径钻头	HPB
镶齿钻头	镶硬质合金齿滚动密封轴承喷射式三牙轮钻头	镶齿密封钻头	XMP
	镶硬质合金齿滑动密封轴承喷射式三牙轮钻头	镶齿滑动轴承钻头	XH

表 4.3 钻头类型与适应的地层

地层性质		极软	软	中软	中	中硬	硬	极硬
类型	类型代号	1	2	3	4	5	6	7
	原类型代号	JR	R	ZR	Z	ZY	Y	JY
适用岩石举例		泥岩 石膏 盐岩 软页岩 白垩 软石灰岩		中软页岩 硬石膏 中软石灰岩 中软砂岩	硬页岩 石灰岩 中软石灰岩 中软砂岩	石英砂岩 花岗岩 硬石灰岩 大理岩		燧石岩 花岗岩 石英岩 玄武岩 黄铁矿
钻头体颜色		乳白	黄	浅蓝	灰	墨绿	红	褐

（3）IADC 牙轮钻头分类方法及编号。

在全世界，牙轮钻头的生产厂家众多，类型和结构繁杂，为了便于牙轮钻头的选择和使用，国际钻井承包商协会（International Association of Drilling Contractors，IADC）于 1972 年制定了全世界第一个牙轮钻头的分类标准，各钻头厂家生产的钻头虽有自己的代号，但都标注了相应的 IADC 编号。1987 年，IADC 将原有分类方法及编号进行了修改和完善，形成了现在的分类及编号方法。

IADC 规定，每一类钻头用 4 位字码进行分类及编号，各字码的意义如下：

第一位字码为系列代号，用数字 1~8 分别表示 8 个系列，表示钻头牙齿特征及所适用的地层：1—铣齿，低抗压强度、高可钻性的软地层；2—铣齿，高抗压强度的中到中硬地层；3—铣齿，中等研磨性或研磨性的硬地层；4—镶齿，低抗压强度、高可钻性的软地层；5—镶齿，低抗压强度的软到中硬地层；6—镶齿，高抗压强度的中硬地层；7—镶齿，中等研磨性或研磨性的硬地层；8—镶齿，高研磨性的极硬地层。

第二位字码为岩性级别代号，用数字1~4分别表示在第一位数码表示的钻头所适用的地层，再依次从软到硬分为4个等级。

第三位字码为钻头结构特征代号，用数字1~9表示，其中1~7表示钻头轴承及保径特征，8与9留待未来的新结构特征钻头用。1~7表示的意义为：1—非密封滚动轴承；2—空气清洗、冷却，滚动轴承；3—滚动轴承，保径；4—滚动、密封轴承；5—滚动、密封轴承，保径；6—滑动、密封轴承；7—滑动、密封轴承，保径。

第四位字码为钻头附加结构特征代号，用以表示前面3位数字无法表达的特征，用英文字母表示。目前，IADC已定义了11个特征，分别为：A—空气冷却；C—中心喷嘴；D—定向钻井；E—加长喷嘴；G—附加保径/钻头体保护；J—喷嘴偏射；R—加强焊缝（用于顿钻）；S—标准铣齿；X—楔形镶齿；R—圆锥形镶齿；Z—其他形状镶齿

有些钻头，其结构可能兼有多种附加结构特征，应选择一个主要的特征符号表示。

4.2.2 金刚石材料钻头的选型及分类法

金刚石材料钻头的用量远低于牙轮钻头，主要因为金刚石材料钻头对地层的适应性较差，但地层及其他条件适合于金刚石材料钻头时，可以取得高的使用效益；反之，则不行。因此，金刚石材料钻头的选型特别重要[6]。

（1）金刚石材料钻头的特点。与牙轮钻头相比，金刚石材料钻头具有以下特点：

① 金刚石材料钻头是一体性钻头，它没有牙轮钻头那样的活动部件，也无结构薄弱环节，因而它可以使用高的转速，适合于和高转速的井下动力钻具一起使用，取得高的效益；在定向钻井过程中，它可以承受较大的侧向载荷而不发生井下事故，适合于定向钻井。

② 金刚石材料钻头使用正确时，耐磨且寿命长，适合于深井及研磨性地层使用。

③ 在地温较高的情况下，牙轮钻头的轴承密封易失效，使用金刚石材料钻头则不会出现此问题。

④ 在小于165.1mm(6in)的井眼钻井中，牙轮钻头的轴承由于空间尺寸的限制，强度受到影响，性能不能保证；而金刚石材料钻头则不会出现问题，因而小井眼钻井宜使用金刚石材料钻头。

⑤ 金刚石材料钻头的钻压低于牙轮钻头，因而在钻压受到限制（如防斜钻进）的情况下应使用金刚石材料钻头。

⑥ 金刚石材料钻头结构设计、制造比较灵活，生产设备简单，因而能满足非标准的异形尺寸井眼的钻井需要。

⑦ 金刚石材料钻头中的PDC钻头是一种切削型钻头，切削齿具有自锐优点，破碎岩石时无牙轮钻头的压持作用，切削齿切削时的切削面积较大，是一种高效钻头。实践表明，这种钻头适应地层时可以取得很高的效益。

⑧ 金刚石材料钻头由于热稳定性的限制，工作时必须保证充分的清洗与冷却。

⑨ 金刚石材料钻头抗冲击性载荷性能较差，使用时必须遵照严格的规程。

⑩ 金刚石材料钻头价格较高。

（2）金刚石材料钻头适应的地层。天然金刚石钻头的切削结构选用不同粒度的金刚石，采用不同的布齿密度和布齿方式，能满足在中至坚硬地层钻井的需要。TSP钻头适合于在具有研磨性的中等至硬地层钻井。PDC钻头适用于软到中等硬度地层，但是PDC钻头钻进的

地层必须是均质地层，以避免冲击载荷，含砾石的地层不能使用 PDC 钻头。

随着人造金刚石材料技术以及钻头技术的发展，金刚石材料钻头的应用范围将会扩大。

表 4.4 为克里斯坦森公司金刚石材料钻头选型指南，此表是根据大量的使用经验总结出来的。通过此表可大体了解各类金刚石材料钻头所适应的地层。

表 4.4　克里斯坦森公司钻头选型指南

牙轮钻头 IADC 编码	地层	岩石性质	牙轮钻头	大复合片钻头	复合片钻头	TSP 钻头	天然金刚石钻头
111~126 / 417	黏土，低抗压强度的软地层	黏土、泥灰岩	ATJ-11 ATX-I ATJ-05 ATM-05	R522 R523 R516 R573	R423 R426		
116~126 / 417~447	低抗压强度、高可钻性地层	黏土、盐岩	ATJ-1 ATJ-05 ATM-05 ATJ-11	R522 R523 R516 R535	R423 R426	T18	
136~126 / 417~447	夹硬层的低抗压强度软到中硬地层	砂岩、页岩、白垩	J3-J4 ATJ-22 ATM-22 ATJ-33 ATM-33	R535	R426 R435 R428 R437 AR435	S725 S225	D262 D311
536~627	高抗压强度、低研磨性的中到硬地层	页岩、泥岩、石灰岩、砂岩	ATJ-33 ATM-33 ATJ-44 ATJ-55		R428 R437 AR435	S725 S226 S248	D331 D41
637~737	非研磨性、很高抗压强度的硬致密地层	石灰岩、白云岩、石膏	ATJ-55 ATJ-77			S725 S226 S248	D41 D24
637~737	一定研磨性、很高抗压强度的硬致密地层	粉砂岩、砂岩、泥岩	ATJ-55 ATJ-77			S279(1)	D41 D24
837	极硬、研磨性地层	石英岩、火山岩	ATJ-99			S279(1)	D24

（3）IADC 金刚石材料钻头分类法。IADC 于 1987 年制定了一个适于用金刚石钻头的"固定切削齿钻头分类标准"。这个标准主要根据钻头的结构特点进行分类，并没有像牙轮钻头那样考虑钻头适用的地层。但这个在世界范围内的统一标准对金刚石钻头的分类、设计、制造、选型和使用都具有重要意义。

标准采用 4 位字码描述各种型号的固定切削齿钻头的切削齿种类、钻头体材料、钻头冠部形状、水眼(水孔)类型、液流分布方式、切削齿大小和切削齿密度 7 个方面的结构特征。

① 切削齿种类和钻头体材料。编码中第一位字码用 D、M、S、T 及 O 5 个字母中的一个描述有关钻头的切削齿种类及钻头体材料。具体定义为：D—天然金刚石切削齿；M—胎体，PDC 切削齿；S—钢体，PDC 切削齿；T—胎体，TSP 切削齿；O—其他。

② 钻头冠部形状。编码中第二位字码用数字 1~9 中的一个描述有关钻头的剖面形状，具体定义见表 4.5。

表 4.5　钻头冠部形状编码定义

外锥高度	内锥高度		
	高（$G>1/4D$）	中（$1/8D \leqslant G \leqslant 1/4D$）	低（$G<1/8D$）
高（$C>3/8D$）	1	2	3
中（$1/8D \leqslant G \leqslant 3/8D$）	4	5	6
低（$G<1/8D$）	7	8	9

注：D 代表钻头直径，G 代表锥体高度。

③ 钻头水力结构。编码中的第三位字码用数字 1~9 或字母 R、X、O 中的一个描述有关钻头的水力结构。水力结构包括水眼种类和液流分布方式，具体定义见表 4.6。

表 4.6　水力结构编码定义

液流分布方式	水眼种类		
	可换喷嘴	不可换喷嘴	中心出口水孔
刀翼式	1	2	3
组合式	4	5	6
单齿式	7	8	9

替换编码为：R—放射式流道；X—分流式流道；O—其他形式流道。表 4.7 中水眼种类列出了 3 种，中心出口水孔主要用于天然金刚石钻头及 TSP 钻头。液流分布方式是根据钻头工作面上对液流阻流方式和结构定义的。刀翼式和组合式是两种用突出钻头工作面的脊片阻流的方式，切削齿也安装在这些脊片上。脊片（包括其上切削齿）高于钻头工作面 1in 以上者划归刀翼式，低于或等于 1in 者划归组合式。单齿式则在钻头表面没有任何脊片，完全使用切削齿起阻流作用。对于天然金刚石钻头和 TSP 钻头的中心出口水孔（编码为 3、6、9），为了更确切地描述其液流分布方式，使用了 R、X、O 3 个替换编码。

④ 切削齿的大小和密度。编码中的第四位字码使用数字 1~9 表示切削齿的大小和密度，定义方法见表 4.7。

表 4.7　切削齿的大小和密度

切削齿大小	切削齿密度		
	低	中	高
大	1	2	3
中	4	5	6
小	7	8	9

其中，切削齿大小划分的方法见表 4.8。编码中，未对切削齿密度做出明确的规定，只能在比较的基础上确定编码。

表 4.8　切削齿大小划分

切削齿大小	天然金刚石粒度（粒/ct）	人造金刚石有用高度（mm）
大	<3	>15.85
中	3~7	9.5~15.85
小	>7	<9.5

注：1ct（克拉）= 0.2g。

根据前述地层岩石力学分析结果，对扎哈泉地区分层段进行钻头设计参数优化，结果如下：

① 上油砂山组（N_2^2）及以上地层：以提高钻头攻击性为主。优先采用5刀翼19mm切削齿、小负前角（15°~20°）、长抛物线冠部形状的PDC钻头。

② 下油砂山组（N_2^1）：钻头兼顾攻击性及研磨性，同时钻头具有较强的抗冲击能力。采用5刀翼16~19mm切削齿、负前角17°~25°、中等抛物线冠部形状的PDC钻头。

③ 上干柴沟组（N_1）：以提高钻头抗研磨性为主，同时钻头抗冲击能力强。采用5~6刀翼13~16mm双排切削齿、负前角20°~30°、短抛物线冠部形状PDC钻头。

基于上述分析，结合对已使用钻头进行分析，优选形成扎哈泉地区钻头序列。

① 表层：1只ST517G牙轮钻头。

② 直井二开：1只215.9mm PDC钻头钻穿上油砂山组（N_2^2），1只215.9mm PDC钻头钻至上干柴沟组顶，2只215.9mm PDC钻头完钻，如GD1905S、M566、P5616S-A、M1365、GD1605、M1655、M1355等。

③ 水平井二开：1只311.2mm PDC钻穿上油砂山组（N_2^2），1只311.2mm PDC钻头钻至造斜点，1只PDC钻头钻至二开底，推荐钻头型号M519A、GD1905和SFD54H3（定向）。

④ 水平段：1~2只215.9mm PDC钻头完钻，推荐钻头型号SFD54H3、M1365等。

钻头设计参数优化后，统计2014年实施的29口二开井，平均钻头用量由2014之前完成井的11只降至5.3只。机械钻速对比如图4.5和图4.6所示，全井平均机械钻速由前期的6.16m/h提高到8.90m/h，提高44.42%；二开井上干柴沟组（N_1）平均机械钻速由2014年之前的2.01m/h大幅提高到3.86m/h，提高91.81%，同时较2014年三开井提高77.88%。

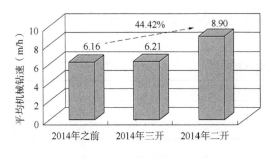 

图4.5　平均机械钻速对比　　　　　图4.6　上干柴沟组（N_1）机械钻速对比

推荐M1655和M1355两只钻头分别在扎7-5-2井和扎7-5-6井上干柴沟组（N_1）试验使用，取得了良好效果。钻头使用指标与邻井对比情况如图4.7所示，单只钻头钻穿上干柴沟组（N_1），平均进尺达652m，平均机械钻速达5m/h以上，指标远远好于前期上上干柴沟组（N_1）钻头使用情况。钻头入井前后照片如图4.8所示，M1655钻头进尺641m，机械钻速5.03m/h，出井新度50%，不可再用；M1355钻头进尺663m，机械钻速5.3m/h，出井新度85%，还可再用，使用效果更好。

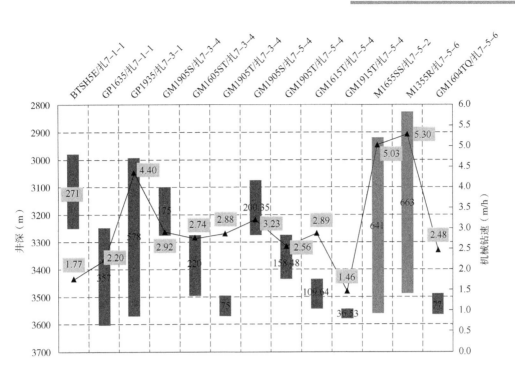

图 4.7　推荐钻头使用指标情况

（a）M1655钻头

（b）M1655钻头

图 4.8　推荐钻头实物图

参 考 文 献

［1］郭思强．大庆油田 T30 井区扶余油层致密储层岩石力学参数建模［J］．大庆石油地质与开发，2020，39（5）：169-174.

［2］汪勇．裂缝油气藏储层预测方法及应用研究［D］．武汉：中国地质大学（武汉），2013.

［3］孙永华，申衡，吴桐，等．庆深气田钻头类型与钻井参数优选研究［J］．钻采工艺，2007（1）：21-24，144.

［4］李文飞，王光磊，于承朋．元坝地区钻头优选技术应用研究［J］．天然气勘探与开发，2011，34（4）：74-77，101-102.

［5］李福来．浅谈钻头地选型及分类法［J］．中国石油和化工标准与质量，2011，31（9）：102，96.

［6］隋梅，孙明光．针对地层岩性特征进行金刚石钻头优化设计和选型［J］．西部探矿工程，2003（7）：86-88.

第5章　地层三压力与井身结构优化

地层压力包括孔隙压力、坍塌压力和破裂压力，亦称地层三压力。地层孔隙压力是指地层孔隙中流体的压力，坍塌压力指钻井过程中井眼内钻井液柱维持井壁不发生坍塌破坏时的临界压力，破裂压力指井眼内钻井液柱压力不致使井壁发生拉伸破裂(即不压破井壁)时的临界压力。

精确的地层压力预测是实现优质、高效、安全钻井和完井的前提，对于存在断层或地质构造比较复杂的地区，地层压力空间分布的不确定性给钻井设计与安全施工带来一定挑战，甚至影响到钻井的成败。地层压力研究的直接意义是能够进行钻井液密度选择、井身结构设计，并能有效防止钻井过程中发生溢流、井喷、井漏等钻井复杂情况，研究中间涉及的地应力问题还可为水平井眼布井和压裂改造设计提供依据。

针对扎哈泉前期地层压力分布认识不清和井身结构设计不合理的问题，开展地层三压力和井身结构优化研究。基于 Drillworks 软件平台，以柴达木盆地扎哈泉区块为工程对象，利用测井资料建立了一套区域地层压力预测方法并进行工程应用。具体研究内容包括单井孔隙压力预测、区域地层压力、地应力以及地层坍塌压力和破裂压力研究。

5.1　单井孔隙压力预测

5.1.1　压力预测原理

在钻井实践中，常常会遇到实际的地层压力大于或小于静液柱压力的现象，即压力异常现象。超过正常地层静液压力的地层压力称为异常高压，而低于正常地层静液压力的地层压力称为异常低压。异常压力是全球性的现象且在世界上许多盆地中都有发现，在陆地和海上烃类资源的全球调查中，都碰到了异常地层孔隙压力，异常压力可发生在地下较浅处，只有几百米，或者深度超过 6000m。这些异常地层孔隙压力可以存在于泥岩—砂岩层系中，也可以在块状蒸发岩—碳酸盐岩剖面中，在地质年代上已知异常地层孔隙压力形成的范围从更新世一直到寒武纪[1]。

国际上比较公认的关于异常地层压力的形成机制分类主要有以下几种：

(1) 岩石孔隙体积的变化：垂直载荷(欠压实)；侧向构造加载；次生胶结。

(2) 孔隙流体体积的变化：温度变化；矿物转化；烃类生成；烃类热降解；流体(主要为气体)运移。

(3) 流体压力(水头压力)变化和流体流动：渗透作用；流体压力压头；油田开采；永冻环境；相对密度差异(如气、油之间)。

地层压力的形成机制不同，其预测方法不同。扎哈泉地层岩性主要是砂泥岩，不平衡压实是砂泥岩地层最常见的异常高压形成机制。因此，扎哈泉地层的孔隙压力可以基于欠压实理论进行预测。对于泥页岩欠压实引起的异常高压, 国内外油田公司普遍采用 Eaton 模型进行预测, 它具有计算精度高、使用范围广等特点。

Eaton 法计算地层孔隙压力梯度的公式如下:

$$P_{\mathrm{p}} = \mathrm{OBG} - \left[(\mathrm{OBG} - P_{\mathrm{NCT}}) \left(\frac{\mathrm{DT}_{\mathrm{NCT}}}{\mathrm{DT}} \right)^n \right] \tag{5.1}$$

式中　P_{p}——地层孔隙压力, $\mathrm{g/cm^3}$;

$\quad\quad$ OBG——上覆岩层压力, $\mathrm{g/cm^3}$;

$\quad\quad$ P_{NCT}——正常静水压力, $\mathrm{g/cm^3}$;

$\quad\quad$ $\mathrm{DT}_{\mathrm{NCT}}$——给定深度泥页岩正常趋势线声波时差值, $\mathrm{\mu s/m}$;

$\quad\quad$ DT——给定深度实测泥页岩声波时差值, $\mathrm{\mu s/m}$;

$\quad\quad$ n——伊顿指数。

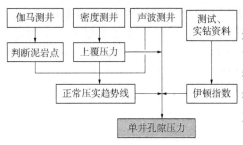

图 5.1　单井孔隙压力预测流程

压力预测流程如图 5.1 所示, 首先根据伽马测井数据、密度测井数据和声波测井数据计算得到正常压实趋势线, 再由测试或实钻资料反演确定伊顿指数, 结合声波测井数据以及由密度测井数据积分得到的上覆岩层压力, 利用伊顿公式(5.1)便可以对孔隙压力进行定量计算。

基于 Drillworks 软件平台进行地层压力相关计算, 并对原始数据及计算相关参数进行图像化显示, 如图 5.2 所示。从图 5.2 中可以看出, 声波测井数据在井深 3300m 以下表现出正偏离压实趋势线, 说明该段地层欠压实特征明显。

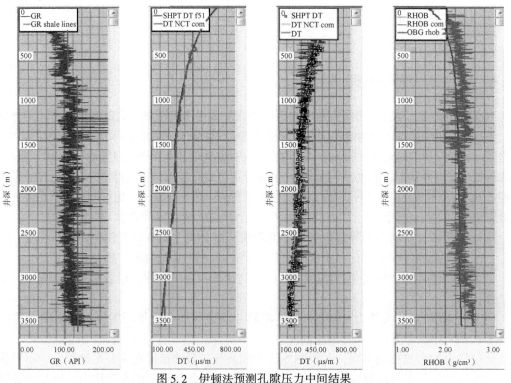

图 5.2　伊顿法预测孔隙压力中间结果

DT—纵波时差测井数据; RHOB—密度; GR—伽马测井数据

5.1.2 扎哈泉单井压力预测结果

利用上述方法，累计完成扎哈泉区块 20 口井单井孔隙压力预测，结果如图 5.3 所示。可以看出，七个泉组（Q_{1+2}）—下油砂山组（N_2^1）地层压力为 $0.85 \sim 1.15$g/cm^3，为正常压力系统；上干柴沟组（N_1）及以下地层存在不同程度的异常高压。

将部分井预测孔隙压力结果与实钻压力进行对比（表 5.1），可见预测误差较小，说明孔隙压力预测结果精度较高。

表 5.1 扎哈泉地层预测压力与实钻压力对比

井号	深度（m）	实际压力（g/cm^3）	预测压力（g/cm^3）	误差（%）
扎 204	3530.28	1.58	1.51	4.43
扎 208	3475.8	1.32	1.28	3.03
扎探 1	2954.57	1.28	1.2	6.25
	4346.71	1.6	1.57	1.88

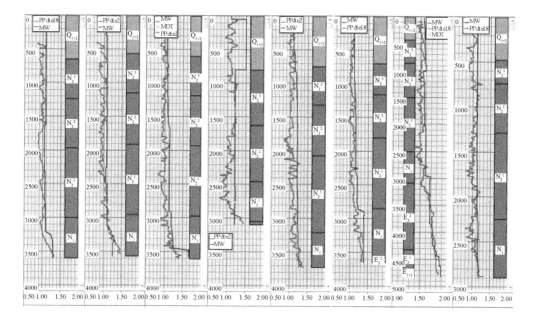

图 5.3 扎哈泉地层孔隙压力预测结果

5.2 区域地层压力研究

基于上一节研究得到的单井孔隙压力，利用 Drillworks 软件 Presage 模块和 3D 模块，反演扎哈泉各层位的地层地质参数，包括初始孔隙度、原始生烃潜能、压实速率等，进一步插值计算区域地层压力分布。

图 5.4 给出了利用 Drillworks 软件进行区域地层压力预测的地层地质参数，图 5.5 分别给出了最终得到的三维地层压力数据体和地层分布数据体图。

研究表明，纵向上，扎哈泉地区新近系的上干柴沟组(N_1)及以下地层普遍存在异常高压，上部其他地层无明显压力异常层段。从地层展布结果看，扎哈泉东部地区地层埋深相对较深，而向东逐渐变浅，地层抬升，纵向上下油砂山组(N_2^1)厚度较大。

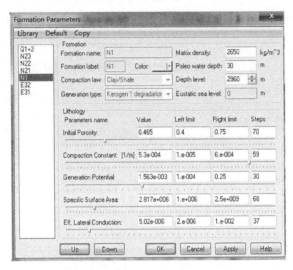

图 5.4　地层地质参数(软件截图)

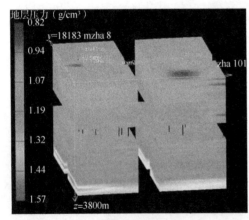

(a)压力数据体三维图

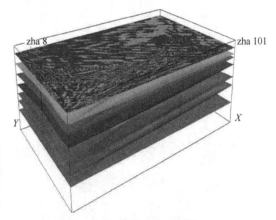

(b)地层数据体三维图

图 5.5　区域地层压力预测及地层三维结果

基于前述得到的扎哈泉地层压力三维数据体，取不同层位地层压力研究扎哈泉区块压力平面分布情况，结果如图 5.6 和图 5.7 所示。可以看出，下油砂山组(N_2^1)基本为正常地层压力，西南部扎 2 井区地层压力稍高，为 1.14g/cm³，中部扎 7—扎 9 井区地层压力约 1.1g/cm³，向东及向北逐渐过渡为 1.05g/cm³；而上干柴沟组(N_1)明显存在异常高压，西南部扎 2 井区地层压力最高，压力系数达 1.5，中部扎 7—扎 9 井区压力系数为 1.3~1.4，向东压力系数逐渐降低，至扎 101 井区压力系数为 1.2，向北至扎 8 井区压力系数逐渐降低为 1.22。

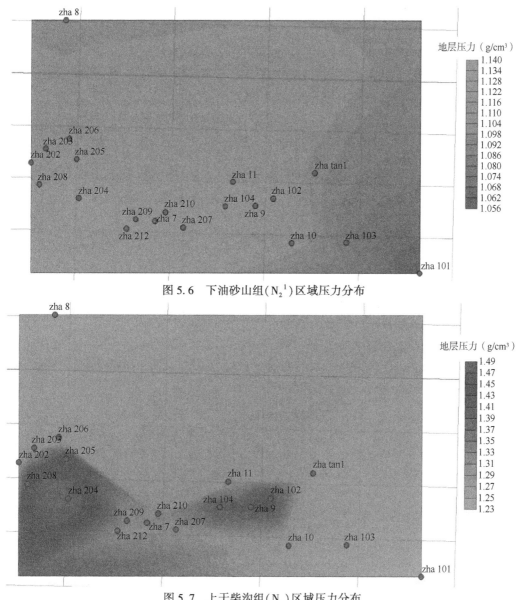

图 5.6　下油砂山组(N_2^1)区域压力分布

图 5.7　上干柴沟组(N_1)区域压力分布

5.3　扎哈泉地应力研究

油气生、储、盖层是地壳上部的组成部分。在漫长的地质年代里，它经历了无数次沉积轮回和升沉运动的各个历史阶段，地壳物质内产生了一系列的内应力效应。这些内应力来源于板块周围的挤压、地幔对流、岩浆活动、地球的转动、新老地质构造运动以及地层重力、地层温度的不均匀、地层中的水压梯度等，使地下岩层处于十分复杂的自然受力状态。这种应力统称为地壳应力或地应力，它随时间和空间变化。它主要以两种形式存在于地层中：一部分是以弹性能形式，其余则由于种种原因在地层中处于自我平衡而以冻结形式保存。

地应力在石油工程中有广泛的应用，就钻井工程而言，地应力是确定地层坍塌压力与破裂压力及进行井壁稳定性分析的重要参数之一，油田地应力研究主要有两个方面，即确定地应力的大小和方向[2]。研究地应力的方法很多，比较常用的确定地应力大小的方法包括：利用 Kaiser 效应法确定单点地应力大小；利用微压裂法或油田地漏试验数据确定单点水平地应力的大小。确定地应力方向的方法包括：利用井壁崩落椭圆法确定最小水平地应力方位；应用压裂井井下电视法确定最小水平地应力方位。

基于地层破裂试验或水力压裂数据，结合 Daines 方法，确定水平地应力。

最小水平地应力：
$$ShG = Pp + (OBG - P_p)\frac{PRs}{1 - PRs} + \sigma_T \qquad (5.2)$$

最小水平地应力：
$$SHG = Pp + (OBG - P_p)\frac{2PRs}{1 - PRs} + \sigma_T \qquad (5.3)$$

式中　ShG——最小水平地应力，MPa/m；

　　　SHG——最大水平地应力，MPa/m；

　　　Pp——地层孔隙压力，MPa/m；

　　　OBG——垂向地应力，MPa/m；

　　　σ_T——水平构造应力，MPa/m。

基于前述地应力确定方法，利用测井数据，得到扎哈泉地应力计算结果，如图 5.8 所示，其中垂向地应力由密度测井数据进行积分计算得到。扎哈泉地区地应力大小分布如下：最小水平地应力为 0.016~0.02MPa/m；最大水平地应力为 0.023~0.026MPa/m；垂向地应力为 0.021~0.023MPa/m。应力组合关系为 SHG>OBG>ShG，表现为滑移断层应力状态。

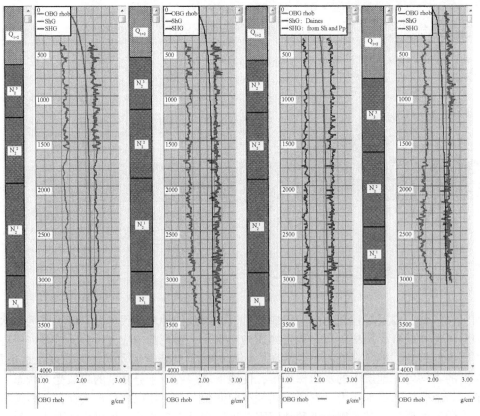

（a）Z206、Z203、Z208和Z8井地应力剖面

图 5.8　扎哈泉地应力计算结果

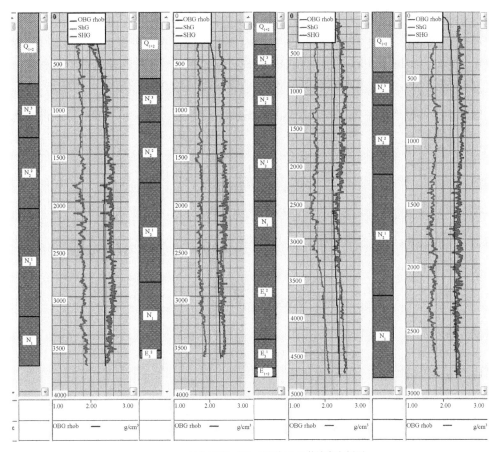

（b）Z207、Z9、ZT1和Z101井地应力剖面

图 5.8　扎哈泉地应力计算结果（续图）

5.4　地层坍塌压力与破裂压力研究

地层坍塌压力和破裂压力是进行钻井液安全密度窗口确定的重要参数。钻井液密度过小，井内液柱压力较低，难以平衡地层压力而产生井涌、井喷等现象，还会使得井壁周围岩石所受应力超过岩石本身的强度而产生剪切，对于脆性地层会产生坍塌掉块，井径扩大，而对于塑性地层，则向井眼内产生塑性变形，造成缩径。钻井液密度过大，会使井壁岩石所受的周向应力超过岩石的抗拉强度，使其启裂或原有裂缝重新开启，从而发生钻井液漏失现象，有伤害储层的危险。因此，确定合理的钻井液密度范围（即坍塌压力和破裂压力），对于钻井过程中如何保持井壁稳定变得尤为重要[3]。

5.4.1　地层坍塌压力与破裂压力确定方法

本书第3章已经进行了扎哈泉地区岩石力学参数研究，结合前一节完成的地应力研究，加上孔隙压力预测结果，便可进行地层坍塌压力与破裂压力计算。

5.4.1.1　井壁坍塌压力

从力学的角度来说，造成井壁坍塌的原因主要是由于井内液柱压力较低，使得井壁周围岩石所受应力超过岩石本身的强度而产生剪切破坏所造成的。此时，对于脆性地层会产生坍塌掉块；而对于塑性地层，则向井眼内产生塑性变形，造成缩径。在井壁稳定力学研究中，常用的剪切破坏准则有：Mohr-Coulomb 准则和 Drucker-Prager 准则。两者的差别在于前者没有考虑中间应力对破坏的影响，后者考虑了中间应力对破坏的影响。对于直井，一般采用前者。

一般来说，井壁坍塌发生在与最小水平地应力平行方位，即 $\theta = \dfrac{\pi}{2}$ 或 $\dfrac{3\pi}{2}$，最小水平地应力方位井壁处的应力为：

$$\sigma_{\theta} = 3\sigma_{H} - \sigma_{h} - p + \delta\left[\frac{\alpha(1-2\nu)}{1-\nu} - \phi\right](p - p_{p}) \tag{5.4}$$

$$\sigma_{r} = p - \delta\phi(p - p_{p}) \tag{5.5}$$

$$\sigma_{z} = \sigma_{v} + 2\nu(\sigma_{H} - \sigma_{h}) + \delta\left[\frac{\alpha(1-2\nu)}{1-\nu} - \phi\right](p - p_{p}) \tag{5.6}$$

设安全系数 FS 为：

$$FS = \frac{\sigma_{n}\tan\phi + C}{\tau} \tag{5.7}$$

并令

$$M = 1 + (FS - 1)\cos^{2}\phi \tag{5.8}$$

正应力 σ_{n} 用主应力 σ_{1} 和 σ_{3} 表示为：

$$\sigma_{n} = \frac{\sigma_{1} + \sigma_{3}}{2} - \frac{\sigma_{1} - \sigma_{3}}{2}\sin\phi - \alpha p_{p} \tag{5.9}$$

将 Mohr-Coulomb 准则改写为：

$$M(\sigma_{1} - \sigma_{3}) - \sin\phi(\sigma_{1} + \sigma_{3} - 2\alpha p_{p}) - 2C\cos\phi = 0 \tag{5.10}$$

依据井壁受力状态的不同，井壁坍塌压力将表述成不同形式。当井壁应力状态为 $\sigma_{\theta} > \sigma_{z} > \sigma_{r}$ 时，此时最大主应力 $\sigma_{1} = \sigma_{\theta}$，最小主应力 $\sigma_{3} = \sigma_{r}$，令 $k = \dfrac{\alpha(1-2\nu)}{1-\nu} - \phi$，则钻井液向井壁渗透的井壁坍塌压力模型为：

$$p_{cr} = \frac{2C\cos\phi + (\sin\phi - M)(3\sigma_{H} - \sigma_{h}) + [\delta Mk + \sin\phi(2\delta f - \delta k - 2k)]p_{p}}{\delta k\sin\phi - M(2 + \delta k - 2\delta f)} \tag{5.11}$$

若假设井壁能形成致密的滤饼，即为井壁不渗透，并且引进非线性校正系数，则地层坍塌压力预测公式为：

$$p_{cr} = \frac{\eta(M - \sin\phi)(3\sigma_{H} - \sigma_{h}) - 2C\cos\phi + 2\alpha p_{p}\sin\phi}{2\eta M} \tag{5.12}$$

若井壁受力状态为 $\sigma_{z} > \sigma_{\theta} > \sigma_{r}$，则钻井液向井壁渗透的井壁坍塌压力公式为：

$$p_{cr} = \frac{2C\cos\phi + (\sin\phi - M)(3\sigma_{H} - \sigma_{h}) + [\delta Mk + \sin\phi(2\delta f - \delta k - 2k)]p_{p}}{\delta k\sin\phi - M(2 + \delta k - 2\delta f)} \tag{5.13}$$

若假设井壁能形成致密的滤饼，即为井壁不渗透，并且引进非线性校正系数，则地层坍塌压力预测公式为：

$$p_{cr} = \frac{\eta(M - \sin\phi)(3\sigma_H - \sigma_h) - 2C\cos\phi + 2\alpha p_p \sin\phi}{2\eta M} \qquad (5.14)$$

式中　ϕ——内摩擦角；

　　　ν——泊松比；

　　　σ_v——垂向应力；

　　　p_p——地层孔隙压力；

　　　g——重力加速度；

　　　p_f——地层破裂压力；

　　　ρ_f——地层破裂压力梯度；

　　　p_p——地层孔隙压力；

　　　S_t——地层抗拉强度；

　　　σ_V——上覆地层压力；

　　　α——有效应力系数。

5.4.1.2　井壁破裂压力

破裂压力是井眼周围地层在井内钻井液柱压力作用下使其启裂或原有裂缝重新开启的压力，它是由于井内钻井液密度过大使井壁岩石所受的周向应力超过岩石的抗拉强度造成的。

假设井眼处于平面应变状态，根据岩石力学理论，可求得非均匀地应力作用下井壁产生拉伸破裂时的井内钻井液柱压力，即破裂压力的计算公式为：

$$p_f = \left(\frac{1 - 2\mu}{1 - \mu} - Q\right)(\sigma_V - \alpha p_p) + \alpha p_p + S_t \qquad (5.15)$$

$$\rho_f = \frac{p_f}{H} \qquad (5.16)$$

式中　p_f——地层破裂压力，MPa；

　　　ρ_f——地层破裂压力梯度，g/cm³；

　　　Q——构造应力系数；

　　　p_p——地层孔隙压力；

　　　S_t——地层抗拉强度；

　　　σ_V——上覆地层压力；

　　　μ——泊松比；

　　　α——有效应力系数。

根据井壁上所处应力状态的不同，当形成水平裂缝时，井眼破裂压力计算如下：

$$p_f = \frac{\sigma_v + S_t}{0.0098 \times \text{Depth}} \qquad (5.17)$$

5.4.2　扎哈泉地层坍塌压力与破裂压力

基于前述地层坍塌压力与破裂压力计算模型，可对扎哈泉地层坍塌压力与破裂压力进行定量计算，结合本章前两节得到的地层孔隙压力，便是扎哈泉地层三压力，结果如图5.9和图5.10所示。

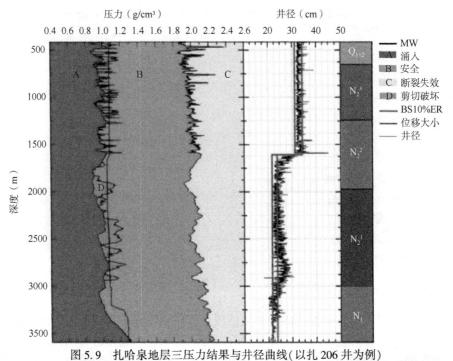

图 5.9　扎哈泉地层三压力结果与井径曲线(以扎 206 井为例)

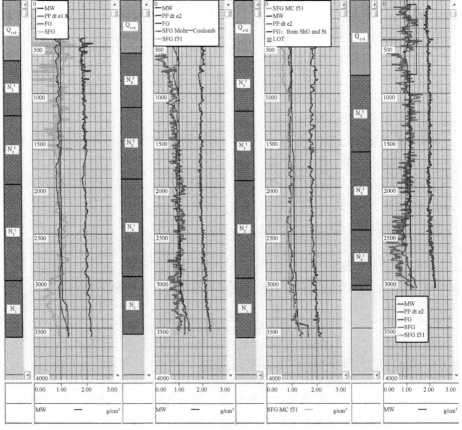

(a)扎哈泉地层坍塌压力曲线

图 5.10　扎哈泉地层三压力剖面曲线

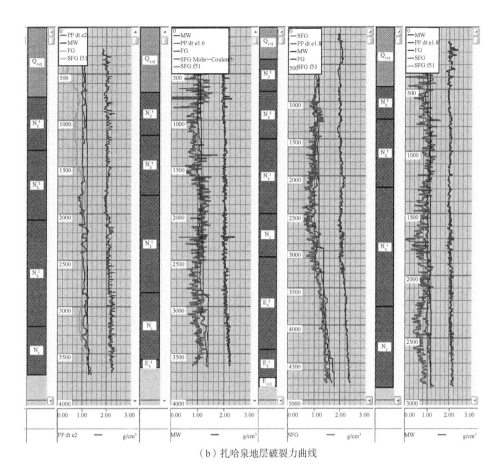

（b）扎哈泉地层破裂力曲线

图 5.10　扎哈泉地层三压力剖面曲线（续图）

图 5.9 给出了地层三压力与实钻钻井液密度及井径曲线，从图中可以看出，当钻井液密度低于 A 区域右侧边界线时表示钻井液柱压力低于地层压力，将会发生溢流或井涌；当钻井液密度处于 D 区域时，表示钻井液柱压力低于地层坍塌压力，井壁附近地层将会发生坍塌破坏；当钻井液密度高于 B 区域与 C 区域边界线时，表示钻井液柱压力高于井壁附近地层破裂压力，将会发生漏失。图中 B 区域即为安全钻井液密度窗口。还可以看出，下油砂山组（N_2^1）中下部钻井液密度低于坍塌压力，实钻中对应井段普遍井径扩径明显，井壁附近地层发生了坍塌剪切破坏。

从图 5.9 和图 5.10 可以看出，扎哈泉地区下油砂山组（N_2^1）中下部坍塌压力较高，达 1.2 g/cm³，实钻中应加强该井段钻井液抑制性能，防止井壁坍塌；扎哈泉区域内地层破裂压力普遍较高，在 1.8~2.2 g/cm³ 之间。该地区总体上沿井深剖面钻井液安全密度窗口均较大。

5.4.3　地层坍塌压力与破裂压力随井斜角和方位角变化规律研究

研究扎哈泉地层坍塌压力与破裂压力随井斜角和方位角的变化规律，为该地区定向井及水平井钻井的井眼方位选择及钻井液密度确定提供技术依据。研究结果如图 5.11 和图 5.12 所示。

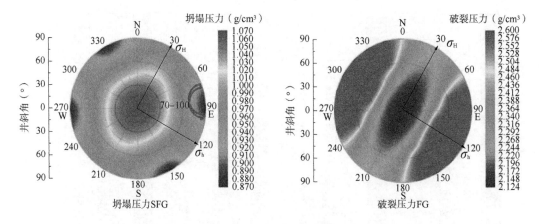

图 5.11　扎哈泉地层坍塌压力与破裂压力随井斜角和方位角变化规律

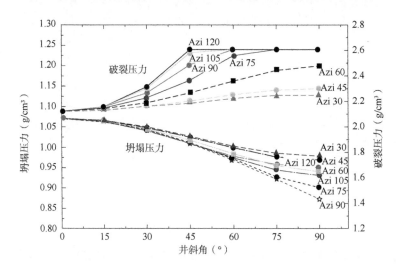

图 5.12　地层坍塌压力与破裂压力随井斜角和方位角变化曲线

　　从图 5.11 和图 5.12 可以看出，随着井斜角由 0°增加到 90°，地层坍塌压力逐渐降低，井斜角为 0°(即直井)时坍塌压力最高，最易发生坍塌剪切破坏，而破裂压力逐渐增大，直井时破裂压力最低。上述规律说明，该地区钻直井时安全钻井液密度窗口最窄，而定向井或水平井均比直井时井壁失稳风险小，该规律与该地区走滑断层应力状态吻合。

　　当井斜角为 90°(即水平井)时，坍塌压力在 NE70°~ 100°或 NE140°~ 170°方位时最低，水平井眼沿该方位时井壁发生坍塌失稳风险最低；而破裂压力在 NE70°~ 170°范围内均为最大值 2.606g/cm³，沿该方位区域内破裂压力最高，最有利于井壁不发生漏失。

　　进一步分析，沿最大水平地应力方位，井斜角由 0°增大至 90°时，坍塌压力降低 8.6%，破裂压力增大 13%；沿最小水平地应力方位，井斜角由 0°增大至 90°时，坍塌压力降低 11.3%，破裂压力增大 22.7%；沿 NE90°方位，井斜角由 0°增大至 90°时，坍塌压力降低 18.5%，破裂压力增大 22.7%。

　　综合上述分析，可见水平井钻井时井眼方位沿 NE70°~ 100°或 NE140°~ 170°时井壁坍塌压力最低，破裂压力最高，安全密度窗口最大，为最有利于保持井壁稳定的井眼方位。

5.5 井身结构设计

5.5.1 井身结构设计原则

（1）有效地保护油气层，使不同地层压力的油气层免受钻井液的伤害。

（2）应避免漏、喷、塌、卡等井下复杂情况的发生，为全井顺利钻进创造条件，以获得最短建井周期[4]。

（3）钻下部地层采用高密度钻井液时产生的井内压力，不致压裂上层套管处最薄弱的裸露地层。

（4）下套管过程中，井内钻井液柱的压力和地层压力之间的压力差，不致产生压差卡套管现象。

5.5.2 扎哈泉井身结构优化研究[5]

根据本章地层三压力研究结果，分析认为下油砂山组（N_2^1）以上地层均为正常压力且地层破裂压力普遍较高，扎哈泉井身结构可由三开简化为二开。扎2井区和扎7井区储层埋深在3500m左右，且储层普遍存在异常高压，压力系数为1.3～1.5；中东部井区储层埋深在3000m左右，储层压力系数相对低，异常高压不明显。结合储层埋深，分区域优化表层套管下深，扎2—扎7井区表层套管下深800～1200m，中东部500m，如图5.13所示。

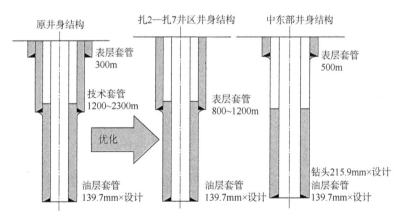

图5.13 扎哈泉井身结构优化结果

为保障该区块钻完井顺利实施，制定各层套管固井技术措施如下：

（1）针对大井眼井径不规则，井眼尺寸部分超标，局部井眼扩大率超过15%，冲洗排量过低，无法很好地冲洗井眼，大井眼处留存有沉砂及稠钻井液循环不出来，水泥浆在此处顶替填充效率很低，较高的钻井液密度、过高的黏度和切力使得井壁有较厚的虚滤饼。而冲洗排量过低，无法很好地清除虚滤饼，导致水泥环和地层胶结面（即第二界面）胶结质量差，影响水泥环封固质量。大井眼处上返速度低，不利于携砂，顶替效率低，易造成窜槽。同时渗透性好，失水量大，影响水泥浆水化反应，水泥石强度不高。为此，通井时要求井队配制清扫液（自配稠钻井液 10~15m³，黏度 70~80s，打入井内），待清扫液返出井口，大排量循环，在清除沉砂的同时形成高质量的滤饼。在下完套管后，固井前再以同样的方法打一次清扫液，净化好钻井液，调整好钻井液性能，大排量洗井循环后才能固井。

通井及下完套管洗井时大排量循环至少两周，达到井下正常，调整钻井液性能达到注水泥设计要求。确保井壁稳定，不垮塌、不漏失，钻屑清除彻底，井眼畅通无阻。对阻卡井段认真进行划眼，保证在压稳的前提下固井，以保证固井质量[6]。

（2）采用具有良好冲洗功能的化学冲洗液提高冲洗效果，渗透力强，利用表面活性剂可以有效降低两个界面的表面张力，提高顶替效率，降低滤饼厚度，改变井壁的润湿特性，使井壁由油润湿变为水润湿，提高二界面的胶结质量，经过两口井（砂45井、扎201井）的应用，取得了很好的效果。尤其是在使用油基钻井液或发生油侵（扎201井）的情况下，效果明显。

（3）钻井液与水泥浆相容性很差时，选择使用与水泥浆和钻井液相容性较好的隔离液在固井前注入井内，有效地阻止了钻井液和水泥浆的直接接触，并且隔离液对水泥浆有较好的稀释、缓冲和隔离作用，从而提高顶替效率，保证施工安全。

（4）对扶正器的排放进行优化设计，加大扶正器用量，保证套管居中，这样既可防止漏失低返，又能充分冲洗井眼和井壁，从而使水泥环封固质量有了明显提高，把居中度控制在80%以上，采齐取准井斜、井径、方位等关键数据，为精心设计提供保障。在扶正器的选择和使用上根据井下情况做如下明确规定：①大井眼井段选用旋流扶正器，加放原则为每50m放1只旋流扶正器；②小井眼井段选用弹性扶正器；③造斜段、狗腿度大的井段采用刚性滚轮扶正器。

（5）针对不同的井下情况，以采用多凝水泥浆体系为主。领浆、中间浆采用与尾浆一样的配方，领浆用量占环空高度的150~200m，密度大于钻井液密度而小于水泥浆密度，中间浆密度控制在 1.85~1.88g/cm³ 之间，尾浆密度控制在 1.88~1.92g/cm³ 之间。在扎3井的应用表明，水泥浆性能满足要求，水泥环封固质量明显提高，保证了油层固井质量。

（6）环空补偿回压 3~5MPa，憋压候凝。

当前二开井身结构设计在扎哈泉现场得到全面推广实施。截至2014年12月下旬，扎哈泉已完成直井 35 口，其中二开结构井 29 口。

扎哈泉井身结构优化后，钻完井周期均明显缩短，指标对比如图 5.14 和图 5.15 所示。二开结构井与三开结构井相比，虽然井深有所减小，但钻完井周期均大幅度缩短，钻井周期缩短 45.3%，完井周期缩短 42.6%。

扎哈泉井身结构优化后，钻完井周期的大幅度缩短加快了扎哈泉致密油勘探开发的进程，同时从经济效益上看，井身结构简化为二开后，平均单井节约费用约 196.63 万元，仅套管和固井水泥就节约 61.93 万元，如图 5.16 所示。

井身结构的简化对扎哈泉钻井整体提速提效提供了有效手段，取得明显成效。

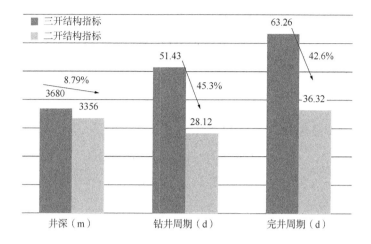

图 5.14　扎哈泉 2014 年二开结构与三开结构井周期对比

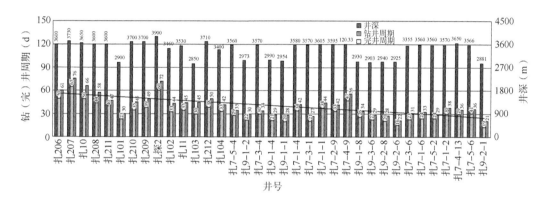

图 5.15　扎哈泉 2014 年钻井指标统计

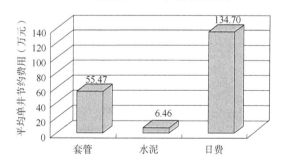

图 5.16　扎哈泉井身结构优化后平均单井节约费用

5.6　地层压力研究在钻井工程中的其他应用

地层三压力研究在钻井工程中还可用于其他方面，如新钻井地层压力剖面预测、钻井液安全密度窗口确定、水平井井眼方位布井等，下面将逐一介绍。

5.6.1　新钻井地层压力剖面确定

基于研究得到的扎哈泉区域地层压力数据体，给定工区内新井坐标，即可得到该井地层压力预测剖面。对扎哈泉新井扎 212 井和扎 104 井进行压力预测，两口井分别位于扎 7 和扎 9 井区，井位如图 5.17 所示，压力预测结果如图 5.18 所示。

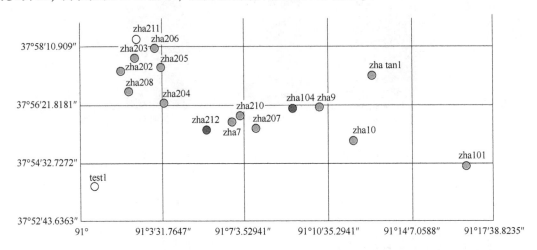

图 5.17　扎 212 井和扎 104 井井位图

预测显示两口井上干柴沟组(N_1)均存在异常高压，压力系数为 1.2~1.3，据此设计钻井液密度为 1.25~1.37g/cm³。扎 212 井和扎 104 井上干柴沟组(N_1)实际钻井液密度分别为 1.27~1.32g/cm³ 和 1.24~1.36g/cm³，钻井过程中均没有溢流、井漏情况发生，说明预测精度较高，能够指导钻井生产实践。

5.6.2　安全钻井液密度窗口确定

根据前述孔隙压力、坍塌压力与破裂压力研究，根据不同地层及扎哈泉不同区域，可确定扎哈泉地区钻井液安全密度窗口：Q_{1+2}—N_2^2 1.05~1.8g/cm³；N_2^1 1.2~1.9g/cm³；西部 N_1 1.5~2.2g/cm³；扎 7 井区 N_1 1.35~2.2g/cm³；扎 9 井区 N_1 1.45~2.2g/cm³；东部 N_1 1.2~2.0g/cm³。

依据确定的安全钻井液密度窗口，进行扎哈泉钻井液密度选择，图 5.19 给出了扎哈泉区块 2014 年部分井钻井液密度情况。

安全钻井液密度窗口确定后扎哈泉钻井复杂事故损失大幅降低，平均损失时间由之前的 40h 降低至 10h 以内。

5.6.3　水平井井眼方位优化

由地层坍塌压力与破裂压力随井斜角和方位角变化规律研究得知：

（1）水平井眼方位为 NE70°~100° 或 NE140°~170° 时，钻井液安全密度窗口最大，为 0.87~2.6g/cm³，相对直井增大 64%，为最有利于保持井壁稳定方位。

（2）水平井眼方位沿最小水平地应力方向 NE120° 时，钻井液安全密度窗口为 0.94~

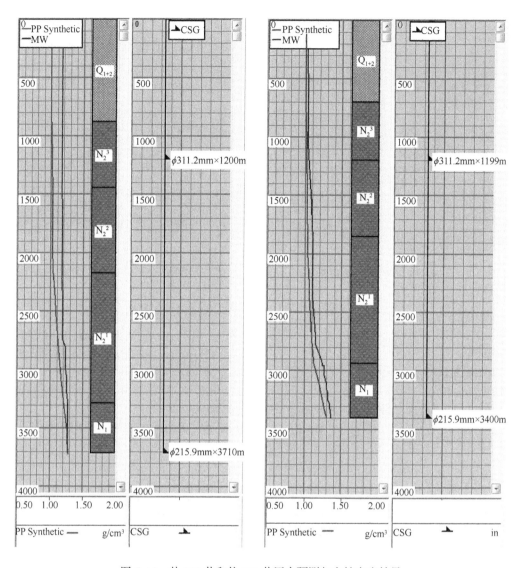

图 5.18 扎 212 井和扎 104 井压力预测与实钻密度结果

2.6g/cm^3，范围相对直井时增大 57%。

（3）水平井眼方位沿最大水平地应力方向 NE30° 时，钻井液安全密度窗口为 0.98 ~ 2.25g/cm^3，范围相对直井时增大 21%。

结合上述分析，考虑到扎哈泉水平井后期需进行压裂改造，为提高储层改造体积、利于形成横切缝，建议水平井眼布井方位沿最小水平地应力方向，即 NE120°。沿该方位，安全钻井液密度窗口较直井仍有较大增加，实钻钻井液密度容易控制，且对维持井壁稳定性有保障[7]。

扎哈泉地区水平井规模化钻井尚未开始，当前仅完钻扎平 1 井，水平井眼方位为 122.64°，水平段钻井液密度为 1.48g/cm^3，无阻卡与溢流复杂发生，说明了上述研究结论与实钻情况吻合。

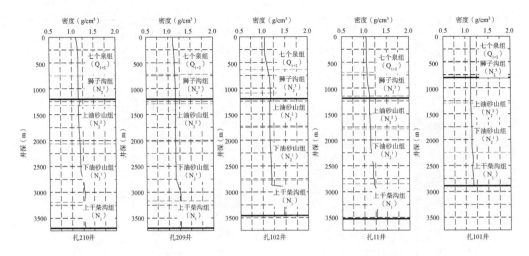

图 5.19　扎哈泉区块 2014 年部分井钻井液密度情况

参 考 文 献

[1] 路学宽，徐路，彭继川，等.地层压力预测方法评价及发展趋势[J].西部探矿工程，2013，25(1)：69-70，73.

[2] 梁晨，梁昊，江昊.地应力测量技术方法分析[J].江苏科技信息，2020，37(5)：51-53.

[3] 钟敬敏.春晓气田群定向井井壁稳定性研究[D].成都：西南石油学院，2004.

[4] 曾勇.井身结构设计系统开发及应用研究[D].荆州：长江大学，2012.

[5] 刘忠飞.基于安全风险评价的深井井身结构优化技术研究[D].成都：西南石油大学，2014.

[6] 胡中华，王立辉，沈勇，等.扎哈泉地区固井工艺技术探讨[J].化学工程与装备，2015(1)：97-97.

[7] 杨向同，王倩，刘洪涛，等.基于地质力学的裂缝性储层水平井井眼方位优化[J].断块油气田，2016，23(1)：100-104.

第6章 钻井液性能优化与维护措施

针对扎哈泉地区前期钻井中出现部分井井壁失稳造成复杂事故的问题,通过现场取样对钻井液性能进行实验评价,在此基础上提出扎哈泉地区钻井液维护处理措施,以期减少钻井复杂,有利于钻井提速提效。

6.1 扎哈泉地层岩性特征分析

扎哈泉地区各层位岩性描述已在 2.1 节进行简要介绍,详见表 2.1,可见扎哈泉地区上油砂山组(N_2^2)、下油砂山组(N_2^1)和上干柴沟组(N_1)上部普遍发育棕黄色、棕红色、棕灰色及灰色泥岩,易水化分散。扎哈泉各层位均大量发育泥质岩,见表 6.1 和表 6.2。

表 6.1　各井不同层位泥质岩占地层总厚度百分比

层位	占地层总厚度百分比(%)								
	扎 2 井	扎 3 井	扎 4 井	扎 5 井	扎 8 井	扎 201 井	扎 202 井	扎 203 井	扎 204 井
N_2^3	78.2	75.8	79.7	88.5	58.9	82	82.9	58.71	76.4
N_2^2	76.5	76	77.2	76.2	61.45	71.7	72.5	66.95	73.8
N_2^1	59.4	67.3	71.4	75.1	69.58	65.6	64.2	57.54	61.5
N_1	71.3	62.5	76	82.7	74.51	69.5	92.7	54.29	64.6

表 6.2　上干柴沟组(N_1)取心描述

井号	扎 2	扎 202	扎 203	扎 204
上干柴沟组(N_1)取心描述	灰色泥岩、钙质泥岩,灰白色泥质粉砂岩、细砂岩、含砾砂岩,棕褐色砂质泥岩	3346.64~3361.50m 以棕褐色泥岩、砂质泥岩为主,夹泥质粉砂岩、砾状砂岩	3314.34~3322.54m 为棕褐色泥岩、砂质泥岩及泥质粉砂岩	3352.53~3362.63m 为灰色粉砂岩、细砂岩、粗砂岩及灰色泥岩、砂质泥岩

取扎 7 井泥岩岩心在清水中进行滚动回收率评价室内实验,结果见表 6.3。由此可见,两块岩心实验得到滚动回收率分别仅为 5.71% 和 24.22%,说明该地区泥岩水化分散能力强,钻进中应加强钻井液抑制性。

表 6.3　扎哈泉区块取样泥岩在清水中的滚动回收率评价实验结果

扎 7 井 2566~2600m 天然岩心 1 号			扎 7 井 2566~2600m 天然岩心 2 号		
热滚前质量(g)	热滚后质量(g)	滚动回收率(%)	热滚前质量(g)	热滚后质量(g)	滚动回收率(%)
40.01	2.285	5.71	40.0127	9.693	24.22

6.2　钻井液与地层适应性分析评价

6.2.1　钻井液的组成

随着钻井技术的发展，钻井液的种类越来越多，但钻井液一般由液相、活性固相、惰性固相及钻井液添加剂组成。

（1）液相：液相是钻井液的连续相，可以是水或油。

（2）活性固相：包括人为加入的商业膨润土、地层进入的造浆黏土和有机膨润土(油基钻井液用)。

（3）惰性固相：惰性固相是钻屑和加重材料。

（4）钻井液添加剂：根据使用要求，可以利用不同类型的添加剂配制性能各异的钻井液，并可对钻井液性能进行调整。添加剂实际上是用于调节活性固相在钻井液中的分散状态，从而达到调整钻井液性能的目的。

6.2.2　钻井液的分类

API 及 IADC 把钻井液体系共分为九类，前七类为水基型钻井液，第八类为油基型钻井液，最后一类以气体为基本介质[1]。

（1）不分散体系。包括开钻用钻井液、天然钻井液及经轻度处理的钻井液，它们一般用于浅井或浅井段钻井中。

（2）分散体系。在可能出现难题的深井条件下，钻井液常被分散，特别是使用铁铬木质素磺酸盐或其他类似产品，这些类似产品属于有效的反絮凝剂和降失水剂。另外，常加入特殊化学剂以维护特殊的钻井液性能。

（3）钙处理体系。双价离子(如钙、镁离子等)常被加入钻井液中，以抑制地层中黏土和页岩的膨胀和分散。此钻井液具有高浓度的可溶性钙，用以控制易塌页岩及井眼扩大。

（4）聚合物体系。在絮凝钻井液中，一般使用长链、高分子量化学剂能够有效地增加黏度，降低失水和稳定性能。各种类型的聚合物有利于实现这些目的，它比膨润土具有更高的酸溶性，可以减少为维持黏度所需的膨润土用量，使用生物聚合物和交联聚合物在低浓度时就具有较好的剪切稀释效果。

（5）低固相体系。属于此类体系的钻井液中，其所含固相的类型及数量(体积)都应加以控制。其总固相含量为 6%~10%。膨润土固相含量将少于 3%，其固相与膨润土的比值应小于 2:1。此种低固相体系的一个主要优点是可以明显地提高钻速。

（6）饱和盐水体系。饱和盐水体系具有 189g/L 的氯离子浓度。盐水体系具有 6～189g/L 的氯离子含量，而其低限常常称为咸水或海水体系，用淡水或盐水加入氯化钠（或其他盐类如氯化钾，它常用作抑制性离子）以达到要求指标。各特种产品如凹凸棒石、CMC、淀粉和其他处理剂，常用来维持黏度和清井性能。

（7）完井修井液体系。完井修井液是种特殊体系，用来最大限度地降低地层伤害。它与酸有相容性，并可用作压裂液（酸溶），具有抑制黏土膨胀保护储层的作用。此体系由经高度处理的钻井液（封隔液）和混合盐或清洁盐水组成。

（8）油基钻井液体系。油基钻井液体系常用于高温井、深井及易出现卡钻和井眼稳定性差的井以及许多特种地区。它包括两种类型：①反相乳化钻井液属油包水流体，以水为分散相，油为连续相。改变高分子量皂类和水的用量可以控制其流变性及电稳定性。②油浆或油相钻井液常由氧化沥青、有机酸、碱、各种药剂和柴油混合而成。调节酸、碱皂和柴油浓度就可以维护黏度及胶凝性能。

（9）空气、雾、泡沫和气体体系。

6.2.3 钻井液的性能

6.2.3.1 钻井液的密度

钻井液的密度就是单位体积钻井液的质量，以 kg/m^3 或 g/cm^3 为单位。钻井液密度是钻井液的重要性能参数，合适的钻井液密度用于平衡地层油、气、水的压力，防止油、气、水侵入井内造成井涌或井喷。同时，钻井液柱压力又可平衡岩石侧压力，保持井壁稳定，防止井壁坍塌。钻井液密度不能过高，否则容易压漏地层；同时，钻井液密度对钻速也有很大的影响。为了提高钻速，在地层情况允许的条件下，应尽可能使用低密度的钻井液[2]。

当有井漏征兆时，应降低钻井液密度。可采取机械除砂、加清水、充气、混油、加入絮凝剂促使钻井液中的固相颗粒下沉等措施。如果为了防止井喷需要增大钻井液密度时，可根据需要加入不同密度的加重材料，如常用的碳酸钙（$CaCO_3$，密度不小于 $2.7g/cm^3$）、重晶石（$BaSO_4$，密度不小于 $4.2g/cm^3$）、钛铁矿粉（$TiO_2 \cdot FeO$，密度为 $4.7g/cm^3$）等。

6.2.3.2 钻井液的造壁性能及降滤失剂

（1）滤失和造壁过程。

当钻头钻穿带孔隙的渗透性地层时，由于一般情况下钻井液的静液柱压力总是大于地层压力，钻井液中的液体（刚开始也有钻井液）在压差的作用下便向地层内渗滤，这个过程称为钻井液滤失。在钻井液产生滤失的同时，在井壁表面形成一层固体颗粒胶结物——滤饼。滤饼形成的过程是先由较大的颗粒将大孔堵塞一部分，然后次大的颗粒堵塞大颗粒之间的孔隙，依次下去，孔越堵越小。一般说来，所形成滤饼的渗透率比地层岩心的渗透率小几个数量级。因此，形成的滤饼阻止滤液向地层渗透，同时又有保护井壁的作用，故滤饼在井壁上的形成过程称为造壁过程[3]。

（2）几种滤失的概念。

在钻井过程的不同时期有不同滤失情况，下面简要介绍。

① 瞬时滤失。钻头刚破碎井底岩石形成井眼的那一瞬间，钻井液便迅速向地层孔隙渗透，在滤饼尚未形成的一段时间内的滤失称为瞬时滤失。做静滤失实验时刚打开通气阀，测量筒中收集到钻井液或浑浊的液体，这就是瞬时滤失量。瞬时滤失有利于提高钻速，但钻开油气层时，瞬时滤失使储层受到伤害，降低油气层的渗透率，这时应设法控制瞬时滤失。

影响瞬时滤失的因素包括地层孔隙大小、钻井液中固相含量、颗粒尺寸分布、钻井液及滤液黏度等。对于储层，为了降低瞬时滤失量，采用屏蔽暂堵技术。即根据架桥颗粒的直径为储层孔径的 1/2~2/3 架桥原理，在钻井液中加入架桥颗粒，如酸溶性暂堵剂碳酸钙、油溶性树脂；同时加入变形物质，以封堵架桥颗粒间的缝隙，这些封堵物质包括沥青类(一般沥青、磺化沥青、氧化沥青)、油溶性树脂(乙烯-醋酸乙烯树脂、乙烯-丙烯酸树脂等)。

此外，还有单向压力暂堵剂，常用的有改性纤维素和各种粉碎得极细的改性果壳、改性木屑等。后者在压差作用下进入地层，堵塞孔喉。当油气井投产时，油气层压力大于井内液柱压力，在反向压差作用下，将单向压力暂堵剂从孔喉中排出，实现解堵。

② 动滤失。随着钻井过程的进行，瞬时滤失后很快在井壁上形成一层滤饼，滤饼不断增厚、加固；同时形成的滤饼又受到钻井液的冲刷和钻柱的碰撞、刮挤，使滤饼遭到破坏。当滤饼的形成(或沉积)速度等于被冲刷的速度时，滤饼的厚度不变，滤失速率也保持不变。钻井液在井内循环流动时的滤失过程称为动滤失。动滤失的特点是滤饼薄，滤失量大。它除了受地层条件、压差、钻井液中固相类型和含量及黏度影响外，钻井液的流变参数与动滤失密切相关，平衡滤饼的厚度与钻井液的流速和流态有关。流速越高，滤饼冲蚀越严重，滤饼越薄，滤失量就越大。紊流对滤饼的冲蚀比层流严重，故滤失量较层流时大。国内许多研究机构对动滤失过程进行了研究，但由于其过程复杂，研究结论不如静滤失那样明确，仍有待进一步深入研究。

③ 静滤失。在起下钻或处理钻井事故时，钻井液停止循环，井壁上的滤饼不再受冲蚀，随着滤失过程的进行，滤饼阻力逐渐增大，滤失速率不断降低，滤失量逐渐减小，钻井液在停止循环时的滤失过程称为静滤失。与动滤失过程相比，静滤失过程比较简单，研究也较成熟。

6.2.4 钻井液的固相控制

常用的固相控制方法包括大池子沉淀、清水稀释、替换部分钻井液和利用机械设备清除固相 4 种。

(1) 大池子沉淀。这种方法现场使用较为普遍。每个井队的大钻井液坑就是用于此目的。利用固相与液相的密度差，在重力的作用下钻屑从钻井液中沉降下来，从而分离。

(2) 清水稀释。当钻井液黏度、切力较高时，单靠在大池中自然沉降得不到好效果。这时可加入清水稀释钻井液。当水加入钻井液后，钻井液体积变大，固相体积含量就相应减小。然而，清水的加入会使钻井液的性能发生改变。为了保持原来钻井液的性能不变，必须加入适当数量的处理剂。同时要放掉(或储存)大量钻井液。这种方法既造成浪费，又不安全，尽量不用。

(3) 替换部分钻井液。用清水或固相含量低的钻井液替换出一定体积的固相含量较高的钻井液，从而达到降低钻井液固相含量的目的。与稀释法相比，替换法可以减少清水和处理剂用量，对原有钻井液性能影响也较小，但也不是清除固相的好方法。

（4）利用机械设备清除固相。通常用于钻井液固相分离的设备有振动筛、旋流分离器和离心机三大类。根据清除固相颗粒尺寸不同，旋流分离器又分为除砂器、除泥器和超级旋流分离器。机械分离设备的分离颗粒尺寸范围如图6.1所示。

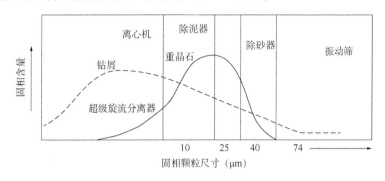

图6.1　机械分离设备分离颗粒尺寸范围

机械设备清除固相不增加钻井液体积，不必补加大量处理剂，故有利于降低钻井液成本。同时对钻井液的性能影响小，有利于井下正常钻进。此法是上述诸方法中最好的[4]。

6.2.5　储层伤害的主要原因及防止措施

钻井的目的在于钻开油气储层，形成油气流通道，将油气资源从地下开采出来。任何阻碍流体从井眼周围流入井底的现象都称为对油气储层的伤害。防止或减少对油气储层的伤害，称为对油气储层的保护。实践证明，在钻开生产层的钻井、固井、完井、修井及增产措施的每个作业过程中，都可能由于措施不当对储层造成伤害，轻者不同程度地影响油气井的产能，重者可能导致失去发现油气田的机会，延误油气勘探的进程。

6.2.5.1　外来流体中的固体颗粒对储层的伤害

当钻井液、完井液等外来流体与渗透性地层接触时，在井内液柱压差的作用下，外来流体中粒径极小的固体颗粒(黏土、岩屑、加重材料等)在滤饼形成前会侵入储层，造成储层油气流通道堵塞，储层渗透性降低。造成伤害的程度与流体的滤失性能、固相含量、颗粒分布、压差及流体与地层的接触时间有关[5]。

试验表明，固相颗粒侵入储层深度一般为几厘米，将引起侵入带的渗透率下降。如果钻井时压差过大或压力激动过大，固相颗粒侵入深度可达几十厘米。超过射孔弹的穿透深度，对储层的伤害就更大。

为了预防和减轻外来流体固相颗粒对储层造成的伤害，除了减少钻井液和完井液的滤失量、尽可能降低正压差(如果可能，应采取负压钻进)、缩短流体对地层的浸泡时间外，还经常采取以下两种措施：

（1）实施屏蔽暂堵技术。首先对储层物性进行分析，在掌握储层岩心孔喉分布的情况下选择封堵孔喉的架桥粒子。选择规则是架桥颗粒的直径为储层平均孔径的1/2~2/3。在完井液中，架桥粒子的加入量一般大于3%。常用的架桥粒子有超细碳酸钙(酸溶性)、油溶性树脂、氯化钠(水溶性)等，再配用充填粒子和可变形粒子，如磺化沥青、氧化沥青、石蜡、树脂等。变形粒子的软化点应与油气层温度相适应。

（2）使用无固相清洁盐水做完井液。

6.2.5.2 储层内部微粒运移造成的伤害

储层中一般含有黏土、云母、石英及其他矿物微粒。在未受到外力作用时，这些微粒附着在岩石表面被相对固定。但在流体作用下，特别是流体的流速超过临界流速时，它们会从孔壁上冲刷下来，并随流体一起流动。当运移至孔喉处时，粒径大于孔喉直径的微粒便被捕集而沉积下来，对孔喉造成堵塞，也可能几个微粒同时聚集在孔喉处形成桥堵。

为了防止储层内的微粒运移，首先要控制流体（包括储层内流体和外来流体）的流速低于临界流速。另外，在入井流体中使用黏土微粒防运移剂。

黏土微粒防运移剂是能抑制黏土微粒运移的化学剂。它主要通过黏土表面的两个基本性质（带负电、羟基化）或化学键的形成起作用。最重要的黏土微粒防运移剂是阳离子型聚合物和非离子型聚合物。前者主要通过黏土微粒表面的负电性，后者则主要通过黏土微粒的羟基化表面，将微粒桥接到地层表面。在这些聚合物中，侧链带季氮原子或叔氮原子的聚合物有最好的稳定黏土微粒的作用。

6.2.5.3 储层内黏土水化膨胀对储层的伤害

黏土矿物中的蒙皂石具有典型的水敏性，当它与侵入储层的低矿化度的水接触时，蒙皂石的膨胀体积可达原始体积的几倍甚至 10 倍以上，这就容易造成孔隙喉道被封堵，使渗透率大幅度下降。黏土膨胀的同时还会引起黏土分散和运移，使储层伤害加剧。预防储层内黏土水化膨胀的措施是减少入井流体的滤失量，提高滤液的矿化度（提高滤液的抑制性）和使用黏土防膨剂。

黏土防膨剂是指能抑制黏土膨胀的化学剂。它主要通过 3 种机理起防膨作用。

（1）减少黏土表面的负电性，这类防膨剂包括盐（如 KCl、NH_4Cl）、阳离子型表面活性剂和阳离子聚合物等。

（2）防膨剂与黏土表面的羟基作用，使黏土变成亲油表面或将晶层连接起来，这类防膨剂是烃基卤代硅烷，如二甲基二氯甲硅烷、二乙基二氯甲硅烷等。

（3）转变黏土矿物类型，将膨胀型黏土矿物转变为非膨胀型的其他矿物。在一定条件下，硅酸钾或氢氧化钾可将蒙皂石转变为非膨胀型的钾硅铝酸盐。

6.2.5.4 流体的不配伍性对储层的伤害

流体的不配伍性是指不同流体相遇后会产生沉淀物，这些沉淀物会堵塞储层孔隙喉道，造成储层伤害。流体的不配伍性对储层造成伤害的情况比较复杂，大致分为下列 3 种情况。

（1）入井流体彼此不配伍，如钻井液、完井液与水泥浆之间常不配伍，尤其是水泥浆滤液含有大量钙离子，pH 值又高，当与其他流体相遇时很容易生成钙盐而沉淀。

（2）入井流体与地层水不配伍，如渤海 SZ36-1 油田地层水为碳酸氢钠型，当水泥浆滤液与这种地层水相遇时，碳酸氢根（HCO_3^-）就转变成碳酸根（CO_3^{2-}），很快生成白色碳酸钙沉淀物。

（3）入井流体造成储层原油乳化，引起渗透率降低。阳离子聚合物钻井液的滤液与油田的原油产生乳化现象，生成油包水乳状液，使其黏度增加，原油流动阻力增大，产能相应降低。

预防流体不配伍性的最好办法是，入井前对入井流体进行配伍性试验，对配伍性差的流体进行改性。

6.2.5.5 水锁效应

水锁效应是指油流中的水滴在通过狭窄的孔隙喉道时，孔喉两侧必须有一定的压差水滴才能通过，否则孔喉就被水滴堵塞。在地层中水锁效应是可以叠加的，故会导致油流阻力大大增加。水锁效应通常是钻井液等外来流体的滤液侵入后，使储层中水相含量增多引起的。因此，尽量控制外来流体滤失量是防止发生水锁效应的有效措施。

此外，岩石润湿性的变化也会引起渗透性的变化。

6.2.6 完井液

新井从钻开产层到正式投产前，由于作业需要而使用的任何接触产层的液体都称为完井液。在打开油气储层之后的钻进、完井、试油、防砂、射孔及增产措施中，由于它直接与生产层接触，必然会给生产层带来不同程度的伤害。为了减少对油气层渗透率的伤害，提高储层的采收率，必须精心设计和合理使用各种完井液。下面介绍6种常用的完井液[6]。

（1）无固相清洁盐水完井液。此种完井液不含膨润土和其他人为加入的固相，其密度靠可溶性盐类调节。加入对油气层无伤害（或低伤害）的聚合物控制滤失量和黏度，但该完井液必须配合使用对储层不造成伤害或伤害程度低的缓蚀剂。

（2）水包油完井液。水包油完井液是以水（或不同矿化度盐水）为连续相、油为分散相的完井液。

体系中加入水相增黏剂和主辅乳化剂，靠不同油水比和水相含盐量调节完井液密度。此完井液特别适用于技术套管下到油气层顶部的低压、裂缝发育、易发生漏失的油气层。

（3）低膨润土聚合物完井液。此类完井液的特点是尽可能降低膨润土的含量，完井液的流变性与滤失性能通过选用不同种类的聚合物和暂堵剂来控制。

（4）改性完井液。在进入油气层之前，对上部地层用过的钻井液进行改性，以减少对储层的伤害。改性途径为：降低钻井液中膨润土及无用固相的含量，根据储层物性调整钻井液配方，选用与储层孔喉相匹配的桥堵剂，降低高温高压滤失量等。

（5）油基完井液。油基完井液中主要是油包水完井液，它是以油为连续相、水为分散相的完井液。这种完井液能有效地避免油层黏土的水敏作用，对油气层伤害程度低。但由于成本高，污染环境，其使用受到限制。

（6）气体类完井液。气体类完井液包括空气、雾、泡沫流体和充气完井液4种。这些流体，由于密度低，对于实现近平衡压力钻井，减少对储层的伤害是非常有益的流体。

6.2.7 扎哈泉地区使用的钻井液

扎哈泉地区直井使用的钻井液体系为：二开井段采用两性离子聚合物钻井液体系，三开井段采用聚磺钻井液体系。大部分井平均井径扩大率在10%以内，部分井上油砂山组（N_2^2）/下油砂山组（N_2^1）存在缩径，下油砂山组（N_2^1）/上干柴沟组（N_1）存在局部扩径，现有钻井液体系能够满足直井钻井要求，但抑制性有待进一步加强。

取扎 210 井现场实用钻井液进行室内评价。扎 210 井采用二开井身结构，二开井段开始使用两性离子聚合物钻井液，2680m 后转换为聚磺钻井液。扎 210 井取样聚磺钻井液的基本性能见表 6.4，其失水和膨润土含量较大。利用该钻井液和清水分别进行扎 7 井和扎 9 井所取天然岩心滚动回收率评价实验，结果如图 6.2 所示。由此可见，扎 9 井岩心滚动回收率大于 85%，但扎 7 井岩心回收率仅 34.18%，反映钻井液对扎 7 井区适应性较差，抑制性能还有待提高[7]。

表 6.4　扎 210 井取样聚磺钻井液基本性能

密度 （g/cm^3）	表观黏度 （mPa·s）	塑性黏度 （mPa·s）	动切力 （Pa）	初切 （Pa）	终切 （Pa）	API 失水量 （mL）	膨润土含量 （g/L）	固相含量 （%）
1.35	23	14	9	7.5	16	10.0	50.05	30.01

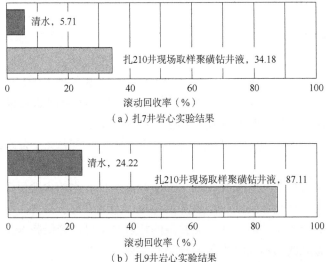

（a）扎7井岩心实验结果

（b）扎9井岩心实验结果

图 6.2　扎 7 井和扎 9 井 2566~2600m 天然岩心在聚磺钻井液和清水中回收率评价结果

进一步对扎哈泉现场使用的有机盐钻井液进行评价。扎平 1 井水平段使用有机盐钻井液，取样该井钻井液，进行钻井液性能室内评价测试，结果见表 6.5。

表 6.5　扎平 1 井现场水平段取样钻井液性能室内评价测试结果

井号	取样井深 （m）	体系种类	密度 （g/cm^3）	API 失水 （mL）	表观黏度 （mPa·s）	塑性黏度 （mPa·s）	动切力 （Pa）	静切力 （Pa/Pa）	润滑系数	备注
扎平 1	3610	复合有机盐	1.50	1.4	57	40	17	4/15	0.1603	常温
			1.50	0.4	58	42	16	4/13		120℃，16h
	性能要求		1.40~1.50	≤4	25~45		5~15	（1~4）/（4~15）		

测试结果显示，有机盐钻井液体系的失水、流变性及润滑性能均控制良好，120℃热滚16h前后性能稳定。由于实验在获取岩心方面受限制，利用该钻井液对柴达木盆地其他区块同样层位泥岩岩心进行滚动回收率实验评价，结果如图6.3所示。由此可见，有机盐钻井液对易水化分散泥岩钻屑回收率达80%，抑制性能良好。该钻井液在实钻使用时未出现任何遇阻卡等复杂，表明有机盐具有更好的抑制性。

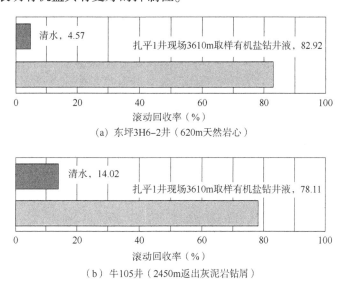

（a）东坪3H6-2井（620m天然岩心）

（b）牛105井（2450m返出灰泥岩钻屑）

图6.3 扎平1有机盐钻井液滚动回收率实验评价结果

6.3 钻井液性能维护处理

基于前述对扎哈泉地区使用钻井液取样进行室内分析，认为扎哈泉直井和水平井直井段继续采用聚磺钻井液体系，但要加强钻井液性能维护处理，水平井继续采用有机盐钻井液体系。

此外，还应根据各层段地层特性针对性地做好钻井液性能维护。

进入上油砂山组（N_2^2）泥岩层后，钻井液体系配方中加入足量的降滤失剂、大分子包被剂、钾盐等材料，有效抑制黏土水化膨胀，维持井壁稳定。

下油砂山组（N_2^1）在2500m左右转为聚磺钻井液体系，维持2%~3%磺化酚醛树脂与1%~2%磺化褐煤，同时提高滤饼质量，保证抑制性材料加量，维持强抑制低失水性能。

进入上干柴沟组（N_1）后，应做好短起下措施，及时修理井壁、清除虚滤饼，预防阻卡。同时，进入该地层后要加强对钻井液池液面、氯离子含量等检测，及时调整密度。

具体对应到各开次及重点工序时，钻井液性能维护注意事项及处理措施如下：

（1）一开井段钻遇地层岩性以泥岩、砂质泥岩为主，地层易水化膨胀。前200m使用"三高"钻井液钻进，以正电胶配成稀胶液维护，保持钻井液具有强的携岩能力及护壁性。

（2）二开钻时快，上部地层渗透性好，钻井液消耗量大，为提高体系抑制防塌性，加入10%~20% BZ-YJZ-I和1%~2% YX-1/YX-2改善滤饼质量，增强封堵性。加强四级固控设备使用，降低钻井液中劣质固相含量。坚持每钻进 200m 进行短程起下钻，防止形成虚滤饼造成阻卡。

（3）三开前储备充足的随钻堵漏剂、复合堵漏剂和加重剂，按设计要求储备高密度钻井液。按小型实验配方，一次性转化为有机盐钻井液，加入 1%～2% BZ-DFT 增强封堵能力，通过提高体系抑制性和防塌性，保证井壁稳定。

（4）定向前钻井液维护以补充配好的胶液为主，加入 2% BZ-YRH 提高钻井液的润滑性。

（5）选用合理流型与钻井液流变参数，井斜角较小井段小于 45°，层流能获得最佳的井眼清洗效果，提高钻井液的动切力和动塑比，泵入高黏度段塞来清除岩屑，保证井眼清洁。水平井段，提高钻井液的动塑比在 0.6Pa/(mPa·s) 以上，钻井液动切力在 15Pa 以上，大斜度井段和水平段通过短起下拉井壁破坏岩屑床。

（6）下套管通井，起钻前在定向井段泵入防卡润滑浆，确保下套管顺利，为满足固井需要，漏失井需提前做好地层承压实验[2]。

6.4 扎哈泉地区钻井液性能优化后现场实施效果

钻井液性能优化后扎哈泉地区 2014 年钻井过程中扩径、缩径现象得到明显改善（图 6.4），2014 年完钻井平均井径扩大率分布在 10% 左右。钻井液性能优化后，扎哈泉地区钻井电测阻卡情况统计见表 6.6。由此可见，遇阻卡损失时间比 2013 年大幅减少，完井电测阻卡通井处理就可解决，损失时间由以前的几十小时减少至几小时，尤其是扎 7—扎 9 井区新钻开发井，统计的 7 口井均未出现电测遇阻情况。

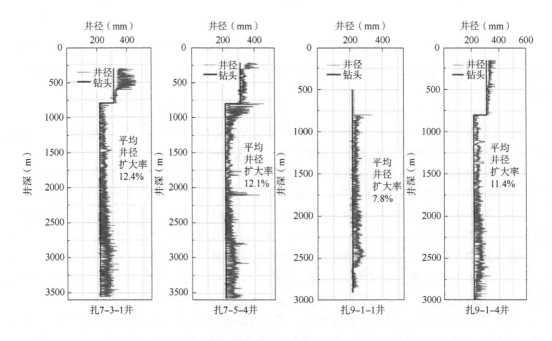

图 6.4 钻井液性能优化后扎哈泉 2014 年部分井井径曲线

扎哈泉钻井液体系的优化及性能维护措施的加强，进一步降低了该地区钻井复杂，提高了钻井效率。

表 6.6 扎哈泉区块 2014 年完钻井电测遇阻卡情况分析结果

井号	施工队伍	井深（m）	层位	密度（g/cm³）	事故经过及处理措施	备注	损失时间（h）
扎 206	康隆 50518	161	Q_{1-2}	1.07	二开电测遇阻，上提解卡	上提张力由 5.5kN 上升至 19.0kN 下降至 5.5kN	4.5
		3325	N_2	1.29	完井电测遇卡，电缆黏卡上提电线未解卡，穿心打捞	划眼井段：3580.29～3600m	8.5
扎 207	康隆 50517	913	N_2^3	1.20	二开电测遇阻，通井	通井循环解决，未划眼	20.5
		3562	N_1	1.27	三开电测遇阻，通井	打捞至 2469，18m，钩载由 65tf 下降至 55tf	31
扎 10	西钻 50258	3640	N_1	1.30	三开电测遇卡，穿心打捞	上提遇卡，钩载由 65t 降至 85t，其间还因沙尘遇阻停 12h	222
		2469	N_2^1	1.30			
扎 208	荣昌 QZ50001	2900	N_2^1	1.67	三开电测遇阻，通井、划眼	划眼井段 3486～3552m	24
		3540	N_1	1.69	二开电测遇阻，通井	划眼井段 3552～3600m	24.83
扎 211	康隆 50518	220	Q_{1-2}	1.06	二开电测遇阻，通井	通井循环解决，未划眼	8.5
		920	N_2^3	1.06			10.5
		234	Q_{1-2}	1.06			3.5
		333	Q_{1-2}	1.06	二开下套管遇阻，通井		13.17
扎 101	川庆 30700	98	Q_{1-2}	1.13	二开下套管遇阻，通井	通井循环解决，未划眼	
		2071	N_2^1	1.18	完井电测遇阻，通井		
扎 102	康隆 50518	2217	N_2^1	1.60	电测遇卡，穿心打捞	电测仪器出现故障	4
扎 11	渤钻 40507	22	Q_{1-2}	1.12	一开电测遇阻，通井	通井循环解决，未划眼	3

井号	施工队伍	井深 (m)	层位	密度 (g/cm³)	事故经过及处理措施	备注	损失时间 (h)
扎209	康隆50517	1175	N_2^3	1.17	一开下套管遇阻，通井	通井循环解决，未划眼	29
		3670	N_1	1.28	完井电测遇阻，通井		
扎210	荣昌 QZ50001	917	N_2^3	1.2	一开电测遇阻，通井	通井循环解决，未划眼	10.33
		1670	N_2^2	1.17	二开下钻遇阻，循环、划眼	划眼井段 1670.35～2197.03m	7.5
		3626	N_1	1.31	完钻井壁取心遇卡，穿心打捞	电测仪器故障，井壁取心下放张力 8kN，上提 55kN，卡点3626m	8

参 考 文 献

[1] 王国申. 石油钻井中钻头及钻井液的选择[J]. 清洗世界，2020，36(11)：79-80.

[2] 王信，张民立，王强，等. 青海柴达木盆地三高井钻井液技术[J]. 钻井液与完井液，2016，33(6)：45-50.

[3] 林波. 压裂液滤失控制技术研究[D]. 成都：西南石油大学，2012.

[4] 王臣，明向东，代炳晓，等. 钻井液固相控制系统发展历程及发展趋势展望[J]. 设备管理与维修，2021(5)：140-141.

[5] 王俊杰. 致密砂岩气储层损害评价体系研究[D]. 成都：西南石油大学，2017.

[6] 邱小华，王太，柳海啸，等. 保护油气层钻井完井液现状与发展方向探讨[J]. 中国石油和化工标准与质量，2021，41(9)：95-96.

[7] 段美恒. 扎哈泉地区上干柴沟组地应力特征分析及应用[D]. 成都：西南石油大学，2017.

第7章　长水平井钻井方案

扎哈泉区块为致密油储层，借鉴国内外致密油开发经验，水平井开发是主要手段。同时，限于国内相关装备水平限制，租用国际公司旋转导向或地质导向系统成本高昂，所以探索采用常规导向手段钻长水平井，以期用较低的成本实现致密油的高效开发。

7.1　水平井钻井概述

7.1.1　水平井定义和分类

水平井是指井眼轨迹达到水平以后，井眼继续延伸一定长度的定向井。这里所说的"达到水平"，是指井斜角达到90°左右，并非严格的90°。这里所说的"延伸一定长度"，一般是在油层里延伸，并且延伸的长度要大于油层厚度的6倍。据研究，只有在油层延伸的长度大于油层厚度的6倍时，水平井才有经济效益。

水平井的突出特点是井眼穿过油层的长度长，所以油井的单井产量高。据统计，全世界水平井的产量平均为邻井(直井)的6倍，有的高达几十倍。而且水平井的渗流速度小，出砂少，采油指数高，因而可以大大提高采收率。水平井可使一大批用直井或普通定向井无开采价值的油藏具有工业开采价值。例如，一些以垂直裂缝为主的裂缝透油藏，一些厚度小于10m的薄油层还有一些低压低渗透油藏。另外，海上油田投资大，成本高，直井开采无效益，水平井却可能有开采价值。水平井可使一大批死井复活。许多具有气顶或底水的油藏，油井经过开采之后，被气锥或水锥淹没而不出油，实际上油井周围仍有大量的油(称为死油)。在老井中用侧钻水平井钻到死油区，可使这批死井复活，重新出油。水平井作为探井亦具有广阔的前景。我国胜利油田有一口水平井一井穿过十多个油层，相当于9口直探井。随着水平井技术的发展，大位移水平井、水平分支井、侧钻水平井、径向水平井等技术日益成熟，在提高油田勘探开发速度和提高油藏采收率方面，水平井将起到极其重要的作用。根据曲率半径的大小，可将水平井分为长半径水平井、中半径水平井、中短半径水平井、短半径水平井和超短半径水平井。

（1）长半径水平井，可以用常规定向钻井的设备、工具和方法钻成，固井、完井也与常规定向井相同，只是难度增大而已。若使用导向钻井系统，不仅可较好地控制井眼轨迹，也可提高钻速。主要缺点是摩阻大，起下管柱难度大。此类水平井的数量将越来越少。

（2）中半径水平井，在增斜段均要用弯外壳井下动力钻具进行增斜，必要时要使用导向钻井系统控制井眼轨迹。固井完井方法也可与常规定向井相同，只是难度更大。由于中半径水平井摩阻小，因此在已钻水平井中，中半径水平井数量最多，短半径和中短半径水平井主要用于老井侧钻，死井复活，提高采收率。

（3）短半径水平井是在中长半径水平井技术基础上发展起来的一项钻井新技术，短半径水平井具有井眼小、造斜率高、曲率半径和靶前位移短等特点。少数也有打新井的。此类水平井需用特殊的造斜工具，目前有两种钻井系统，即柔性旋转钻井系统和井下动力钻具钻井系统。另外，完井的困难较大，只能裸眼或下割缝筛管。由于中靶精度高，增产效益显著，此类水平井将越来越多。

（4）超短半径水平井也被称为径向水平井，仅用于老井复活。通过转动转向器可以在同一井深处水平辐射地钻出多个(一般为4~12个)水平井眼。这种井增产效果显著，而且地面设备简单，钻速也快，很有发展前途，但需要有特殊的井下工具和钻进工艺以及特殊的完井工艺[1]。

7.1.2　水平井的钻井难度分析

（1）水平井的轨迹控制要求高，难度大。

要求高，是指轨迹控制的目标区要求高。普通定向井的目标区是一个靶圆井眼，只要穿过此靶圆即为合格。水平井的目标区则是一个扁平的立方体，如图7.1所示，不仅要求井眼准确进入窗口，而且要求井眼的方位与靶区轴线一致，俗称"矢量中靶"。

难度大，是指在轨迹控制过程中存在两个不确定性因素，轨迹控制的精度稍差，就有可能脱靶。两个不确定性因素：一是目标垂深的不确定性，即地质部门对目标层垂深的预测有一定的误差；二是造斜工具造斜率的不确定性。这两个不确定性因素的存在，对直井和普通定向井来说，不会有很大的影响，但对水平井来说，则可能导致脱靶。

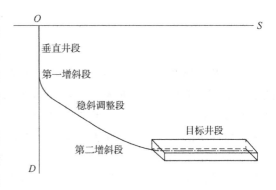

图7.1　常见水平井轨道及目标区

（2）管柱受力复杂。

由于井眼的井斜角大，井眼曲率大，管柱在井内运动将受到巨大的摩阻，致使起下钻困难，下套管困难，给钻头加压困难；在大斜度和水平井段需要使用"倒装钻具"，下部的钻杆将受轴向压力，压力过大将出现失稳弯曲，弯曲之后摩阻更大；摩阻、扭矩和弯曲应力将显著增大，使钻柱的受力分析、强度设计和强度校核比直井和普通定向井更为复杂；由于弯曲应力很大，在钻柱旋转条件下应力交变，将加剧钻柱的疲劳破坏。这就要求精心设计钻柱，严格按规定使用钻柱。

（3）钻井液密度选择范围变小，容易出现井漏和井塌。

地层的破裂压力和坍塌压力随井斜角和井斜方位角而变化。在原地应力的3个主应力中，在垂直主应力不是中间主应力的情况下，随着井斜角的增大，地层破裂压力将减小，坍塌压力将增大，所以钻井液密度选择范围变小，容易出现井漏和井塌。在水平井段，地层破裂压力不变，而随着水平井段的增长，井内钻井液柱的激动压力和抽吸压力将增大，也将导致井漏和井塌。这就要求精心设计井身结构和钻井液参数，并减小起下管柱时的压力波动。

（4）岩屑携带困难。

由于井眼倾斜，岩屑在上返过程中将沉向井壁的下侧，堆积起来形成岩屑床。特别是在井斜角45°～60°的井段，已形成的岩屑床会沿井壁下侧向下滑动，形成严重的堆积，从而堵塞井眼。这就要求精心设计钻井液参数和水力参数。

（5）井下缆线作业困难。

这主要指完井电测困难，在大斜度和水平井段，测井仪器不可能依靠自重滑到井底。钻进过程中的测斜和随钻测量，均可利用钻柱将仪器送至井下。射孔测试时亦可利用油管将射孔枪弹送至井下。只有完井电测时井内为裸眼，仪器难以送入。目前，解决此问题的方法是利用钻柱送入，但仍不甚理想。

（6）保证固井质量的难度大。

一方面由于大斜度和水平井段的套管在自重下贴在下井壁，居中困难；另一方面水基钻井液在凝固过程中析出的自由水将集中在井眼上侧，从而形成条沿井眼上侧的"水槽"，大大影响固井质量。目前，此问题的解决方法是：在套管上加足够的特制扶正器，使用"零自由水"水泥浆。

（7）完井方法选择和完井工艺难度大。

水平井井眼曲率较大时，套管将难以下入，无法使用射孔完井法，将不得不采用裸眼完井或筛管完井法等。这将使完井方法不能很好地与地层特性相适应，将给采油工艺带来困难。

7.2　扎哈泉地区水平井施工现状

2013年9月14日，扎哈泉区块试验的第一口水平井扎平1井开钻，设计井深4205m，水平段长度800m，导眼井深3520m，2014年6月13日完井，实际完钻井深4220m，垂深3287.32m。设计钻井周期132天，实际194.63天；设计完井周期140天，实际210.85天，其中导眼作业周期65天。全井平均机械钻速为2.26m/h。

扎平1井采用三开井身结构（图7.2），造斜点为3000m，A靶点测深3400m，垂深3274.93m；B靶点测深4220m，垂深3287.32m。

扎平1井钻井进度曲线如图7.3所示，可见钻完井周期均远低于设计周期。造斜至完钻井段共用时87天，平均机械钻速为1.0m/h；造斜段平均机械钻速仅为0.62m/h；水平段机械钻速为1.29m/h。

扎平1井采用有机盐钻井液，1600m左右长度的裸眼井段无明显复杂事故，井壁稳定性很好。但是，从钻井进度曲线看，造斜段和水平段进尺比例只有全井的28.9%，但钻井时间占全井钻井周期的67.9%。主要表现在造斜段和水平段定向滑动比例高，钻速慢、周期长。造斜段设计每30m造斜率6.6°，实钻采用1.5°单弯螺杆钻具定向钻进（钻具组合为PDC钻头+1.5°螺杆+回压阀+无磁钻杆+MWD悬挂短节+加重钻杆+斜坡钻杆），钻井液为有机盐体系，密度为1.41～1.48g/cm³。实钻定向滑动比例高达90.5%，平均日进尺10.0m，平均机械钻速为0.62m/h。水平段长度为820m，实钻采用1.0°单弯螺杆钻具水平钻进（钻

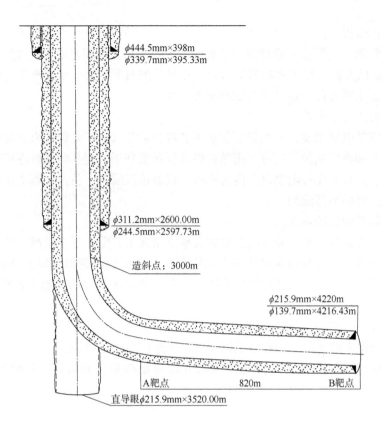

图 7.2　扎平 1 井身结构图

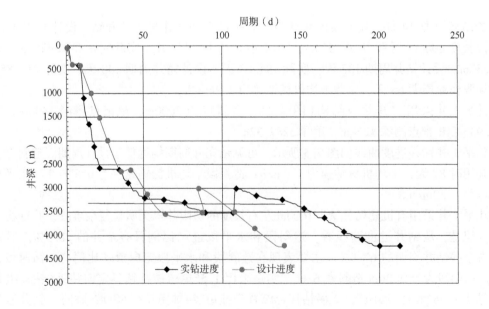

图 7.3　扎平 1 井钻井进度曲线

具组合为 PDC 钻头+1.0°螺杆+回压阀+双外接头+WPR 电磁波电阻率+保护接头+无磁钻铤+无磁钻杆+MWD 悬挂接头+斜坡钻杆+加重钻杆+钻杆），钻井液为有机盐体系，密度为 1.47~1.49g/cm³，定向滑动比例为 67.0%，平均机械钻速为 1.29m/h，平均日进尺 17.4m。造斜段和水平段钻井工期长的主要原因如下：

（1）造斜段、水平段均位于上干柴沟组（N_1），地层相对较硬，单轴抗压强度主要在 103~172MPa 之间，最高 241MPa，可钻性相对较差；内摩擦角介于 35°~45°之间，研磨性较强，影响钻速。

（2）岩性差异大，硬夹层多，导致钻具在造斜段的实际造斜率偏低，滑动比例高，机械钻速低。单弯螺杆钻具要靠井壁来支撑下稳定器对钻头产生一定的侧向力实现井眼的偏移。当钻头钻遇硬夹层时，定向造斜钻时较长，支撑螺杆钻具下稳定器的井壁在螺杆钻具的长时间振动和循环钻井液的冲刷作用下，支撑井壁很容易被破坏，对下稳定器的支撑作用变弱，致使实际造斜率相比理论造斜率偏低。不考虑地层因素的影响，采用螺杆钻具几何造斜率计算方法计算案例井造斜段钻具组合每 30m 的理想造斜率为 8.05°，而每 30m 设计造斜率为 6.6°，理论条件下滑动比例约 82.0%，受地层特性影响，实际每 30m 综合造斜率只有 7.3°，致使造斜段 90.5%的井段都采用定向钻井方式钻进，降低了钻头转速，影响钻速。

（3）钻井造斜段 PDC 钻头钻压加载到 110kN，水平段加载到 360kN，加压困难，钻井托压严重，影响了钻速。钻井托压主要是指钻井过程中所加载的钻压不能有效传递到钻头实现钻头高效破岩，主要由钻井过程中的钻具与井壁接触所产生的摩阻和钻具局部与井壁的挤挂作用构成。严重的托压影响钻具延伸和地面能量向钻头的传送，影响钻头破岩效率。

（4）轨迹质量差，加重了钻井后期定向托压，影响钻速。该水平井轨迹控制难度大，频繁调整轨迹严重影响钻井速度，实钻中为确保实钻轨迹与设计轨迹的吻合，现场频繁进行轨迹调整；从钻井报表上看，定向段频繁调试仪器、试螺杆及设备修理损失大量时间。扎平 1 井常规导向技术实钻轨迹与设计轨迹吻合度差，轨迹不光滑，如图 7.4 所示。采用 Landmark 工程软件，在裸眼摩阻系数 0.30、套管摩阻系数 0.25、钻井液塑性黏度 32mPa·s、

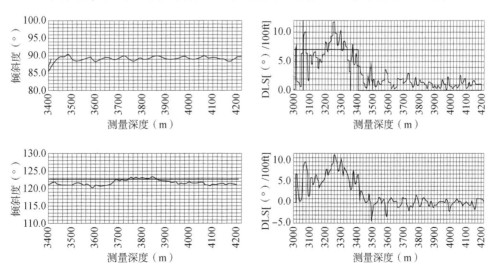

图 7.4　扎平 1 井造斜段和水平段轨迹参数曲线

动切力 14Pa 和钻具组合 PDC 钻头+螺杆+ LWD 短节+无磁钻铤+无磁钻杆 +5in 钻杆 105 根+ 5in 加重钻杆 45 根+5in 钻杆条件下，根据实钻井眼轨迹，进行摩阻分析计算，结果显示：钻压 5t 时，滑动钻进钻具发生正弦屈曲，滑动钻压小于 4.8t 时，钻具正常。此时上提摩阻 27.3tf，下放摩阻 22.4tf。上述条件下旋转钻进时，当钻压为 14.2t、19.9t 时，分别在 3476.11m 处发生正弦屈曲和螺旋屈曲。分析显示该井钻进中托压严重，亦解释了实钻中定向钻井速度慢的原因。

造斜段设计造斜率较高，而实际总体造斜率偏低，为实现准确中靶，局部井段需强制造斜，致使局部井段狗腿度大。水平井段因目的层厚度仅 2m 左右，为提高油层钻遇率，井斜控制严格，频繁进行轨迹调整，导致水平井段每 30m 最大狗腿度达 4.12°，滑动比例达 67%。

采用底部钻具复合钻井准动力学分析方法计算水平段钻具组合复合钻井导向力，结果如图 7.5 所示。水平井所用钻具组合在复合钻井时为增斜钻具组合，综合造斜力+22kN（正号表示增斜，负号表示降斜），稳斜能力差，实钻中一个单根增斜 0.3°~0.7°，每单根需定向 1.5~2.5m，进一步影响了水平井段轨迹质量。

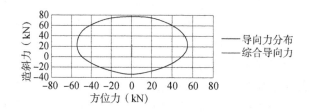

图 7.5　水平段钻具组合导向力曲线

（5）现有钻井参数仍需进一步优化。采用 Landmark 工程软件，在裸眼摩阻系数 0.30、套管摩阻系数 0.25、实际轨迹条件下，计算扎平 1 井定向摩阻约 280kN；而实际作业时定向摩阻达到 360kN，反映实钻钻井参数需进一步优化。

考虑未来扎哈泉可能部署长水平井进行致密油开发，为实现水平井安全快速钻井，项目组以 215.9mm 和 152.4mm 水平井眼为例，对井眼清洁、摩阻、扭矩及钻具组合设计等方面进行模拟分析，初步形成了长水平井钻井方案。

7.3　井眼清洁的影响因素及规律

7.3.1　岩屑床形成区域分析

取模拟工况条件为：套管下至水平井造斜点，5in 钻杆，钻井液密度 1.48g/cm³，排量 22L/s，岩屑密度 2.5g/cm³，钻井液动塑比 0.3Pa/（mPa·s），利用 WellPlan 软件进行模拟计算，结果如图 7.6 所示。结果显示，对于技术套管下至造斜点的水平井，岩屑床易形成于 50°~90°井斜位置，水平段井眼清洁需要的排量最高。

取模拟工况条件为：技术套管下至储层顶部，4in 钻杆，钻井液密度 1.48g/cm³，排

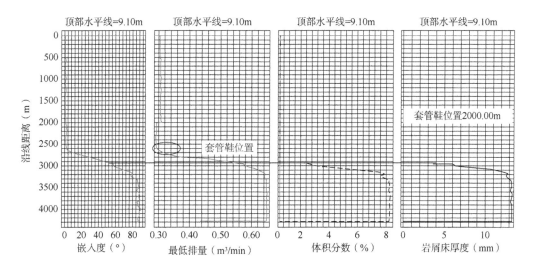

图 7.6　技术套管下至造斜点时岩屑床模拟分析结果

量 10L/s，岩屑密度 2.5g/cm^3，钻井液动塑比 0.3Pa/（mPa·s），利用 WellPlan 软件进行模拟计算，结果如图 7.7 所示。结果显示，技术套管下至储层顶部（井斜 60°~80°），同样 50°~90° 位置已形成岩屑床，但套管鞋处岩屑床厚度最大，井眼清洁需要的排量最高。

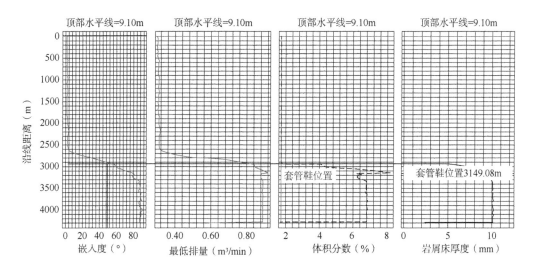

图 7.7　技术套管下至储层顶部时岩屑床模拟分析结果

7.3.2　井眼清洁最低排量与机械钻速的关系

分别取 8½in 和 6in 井眼进行模拟计算，计算参数和结果分别如图 7.8 和图 7.9 所示。

井眼清洁所需最低排量随机械钻速增加呈线性增加，但受钻具运动状态影响较大，相同条件下，滑动钻进井眼清洁所需最低排量高于旋转钻进。当水平井机械钻速小于 5m/h 时，

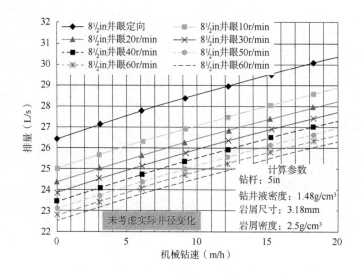

图 7.8　8½in 井眼最低排量与钻速关系

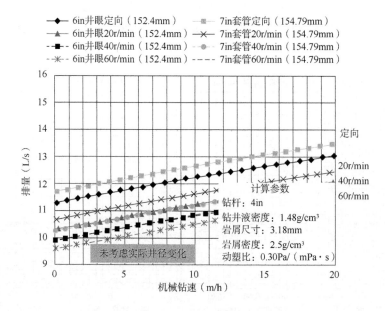

图 7.9　6in 井眼最低排量与钻速关系

215.9mm 井眼定向钻井时最低排量为 28L/s，旋转钻进(30~40r/min)时最低排量为 25L/s；152.4mm 井眼定向钻进时最低排量为 12.5L/s，旋转钻进(30~40r/min)时最低排量应保证 11L/s[2]。

7.3.3　井眼清洁与转速的关系

钻柱旋转后，与下井壁岩屑和钻井液间产生的引带力和撞击力，可将下井壁钻屑带向井眼中心，提高清洁效率[3]，如图 7.10 所示。

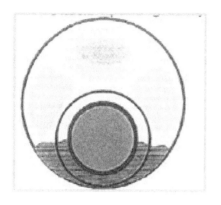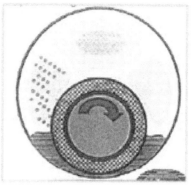

图 7.10　钻柱旋转携带井壁岩屑示意图

分别取 215.9mm 和 152.4mm 井眼进行模拟计算，计算参数和结果如图 7.11 所示。结果表明：提高转速能提高井眼清洗效率，但呈现分段线性关系，转速从 0 增至 30r/min，井眼清洁效果增加明显；转速从 30r/min 增至 80~120r/min，井眼清洁效果增加不明显；转速高于 100r/min 时，清洁效率又呈现大幅增加效果。

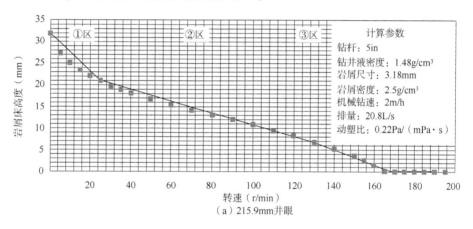

（a）215.9mm井眼

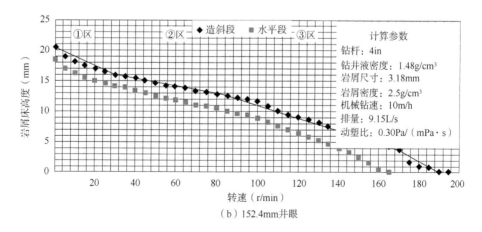

（b）152.4mm井眼

图 7.11　岩屑床高度与转速关系

因此，在水平段钻进时，建议选择中低速交界区(30~40r/min)或高速区(80~100r/min)。

7.3.4　钻井液性能对井眼清洁的影响

同样分别取 215.9mm 和 152.4mm 井眼进行模拟计算，计算参数和结果如图 7.12 所示。分析可见，提高钻井液表观黏度和动塑比有利于提高携岩效率，提高钻井液动塑比，在保证井眼清洁的情况下还可适当降低排量、降低泵压和对设备的要求。当 215.9mm 井眼机械钻速为 3~5m/h 时，动塑比为 0.225Pa/(mPa·s)，旋转钻进转速为 30r/min 时最低排量为 30L/s，当动塑比提高至 0.5Pa/(mPa·s)后，最低排量降低至 26L/s；又如 152.4mm 井眼，动塑比为 0.3Pa/(mPa·s)，旋转钻进(40r/min)时最低排量应确保为 11L/s，而当动塑比提高至 0.6Pa/(mPa·s)时，排量可降至 9.4L/s[4]。

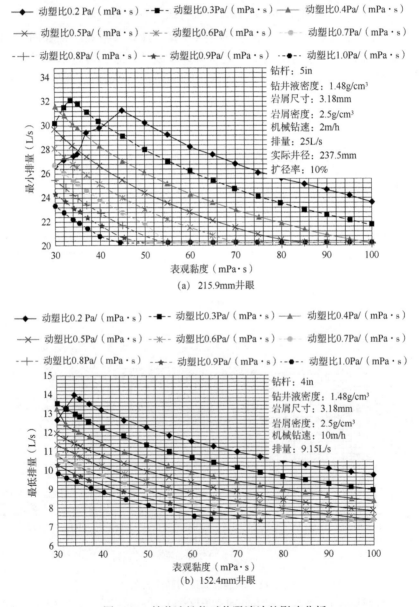

图 7.12　钻井液性能对井眼清洁的影响分析

7.4 摩阻、扭矩的影响因素及规律

摩阻形式上为垂直于摩阻方向的侧向力与摩阻系数的乘积。侧向力主要由井壁支撑的部分钻具自重力、管柱轴向载荷在弯曲井段所产生的轴向拉侧力、钻具刚度所引起的弯曲侧向力和底部钻具组合侧向力贡献，与井段长度、钻具质量、井斜角和狗腿度有关；摩阻系数是反映钻具与井壁接触状态的一个参数，与井壁岩性、轨迹质量、井眼清洁效果和钻井液润滑性有关。在水平段中，钻具躺在井壁上，侧向力为全部的钻具重力，所产生的摩阻最大。较大的摩阻可能导致钻具屈曲，一旦发生钻具螺旋屈曲，钻具锁死，钻压无法传递到钻头。

7.4.1 轨迹剖面类型与摩阻、扭矩的关系

在相同条件下，对不同轨迹剖面类型的起下钻、滑动钻进的摩阻及扭矩进行分析，结果如图 7.13 所示，发现不同剖面类型对摩阻、扭矩影响差别不大。圆弧剖面滑动钻进摩阻最小，有利于水平段钻进提高钻压，悬链线剖面摩阻、扭矩最大。因此，在长水平井轨迹设计中，尽量采用最简单的圆弧剖面[5]。

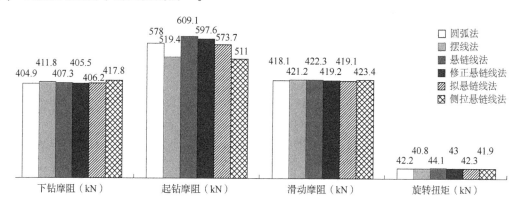

图 7.13 不同轨迹剖面对摩阻、扭矩影响分析

7.4.2 造斜率与摩阻、扭矩的关系

分别取 215.9mm 和 152.4mm 井眼模拟分析不同造斜率对摩阻和扭矩的影响，结果如图 7.14 所示。

忽略造斜段刚度对系统摩阻系数的影响，造斜率对总体摩阻影响幅度较小。215.9mm 井眼可选用 6°/30m 左右造斜率，152.4mm 井眼可选 4°/30m 造斜率。

进一步研究了轨迹光滑度对摩阻、扭矩的影响，结果如图 7.15 所示。结果表明：轨迹光滑度(DLS)对摩阻、扭矩影响大，DLS 高，摩阻、扭矩均布峰值高；直井段 0.5°/30m 以内、水平段 2°/30m 以内的狗腿度对摩阻的影响较小。因此，控制轨迹质量是降低摩阻、扭矩的关键。

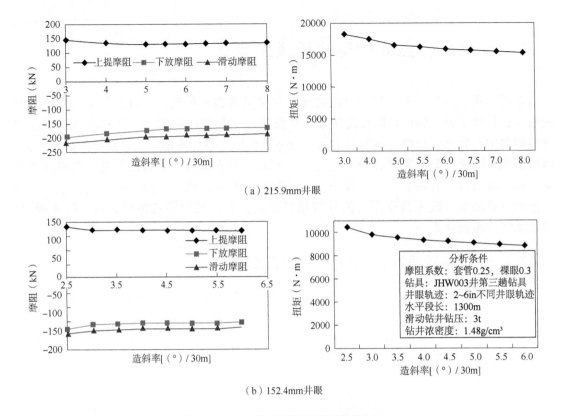

（a）215.9mm井眼

（b）152.4mm井眼

图7.14　造斜率对摩阻和扭矩影响分析

7.4.3　钻井液润滑性与摩阻、扭矩的关系

以套管摩阻系数0.2，裸眼摩阻系数从0.3变化至0.2，间隙0.02进行计算，回归长度对扭矩摩阻影响系数，定量预计不同摩阻系数下的摩阻和扭矩增加量。计算结果如图7.16所示。

分析表明，良好的井眼及润滑条件，可将每千米井段摩阻、扭矩降低50%。良好的润滑，下钻摩阻可从17.1tf/km降低至8.1tf/km；滑动摩阻从18.2tf/km降低至8.2tf/km；起钻摩阻从17.2tf/km降低至8.4tf/km；扭矩从9.1kN·m/km降低至5.5kN·m/km[6]。

7.4.4　摩阻系数与摩阻、扭矩的关系

以215.9mm井眼1300m水平段井为例进行分析计算，结果如图7.17所示。当裸眼摩阻系数由0.3降至0.18时，1300m水平段下钻摩阻、滑动摩阻、起钻摩阻和扭矩分别降低12.3tf、13.6tf、10.8tf、6.4kN·m。现有条件下，1300m水平段的下钻摩阻、滑动摩阻、起钻摩阻和扭矩预计高达24.5tf、27tf、22tf、20kN·m[7]。

以152.4mm井眼1300m和1800m水平段井为例进行分析计算，结果如图7.18所示。当套管、裸眼摩阻系数分别由0.25和0.30降至0.17和0.18时，1300m水平段摩阻、扭矩分别降低6tf、2kN·m，1800m水平段摩阻、扭矩分别降低7tf、3kN·m。

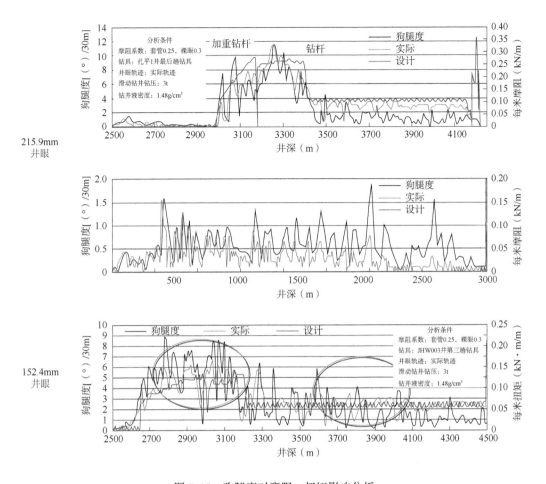

图 7.15 狗腿度对摩阻、扭矩影响分析

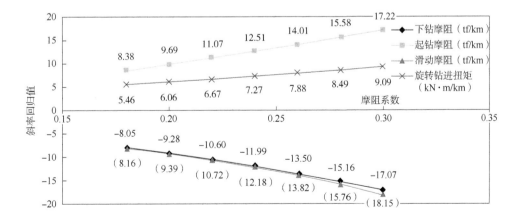

图 7.16 钻井液润滑性对摩阻、扭矩影响分析 (215.9mm 井眼)

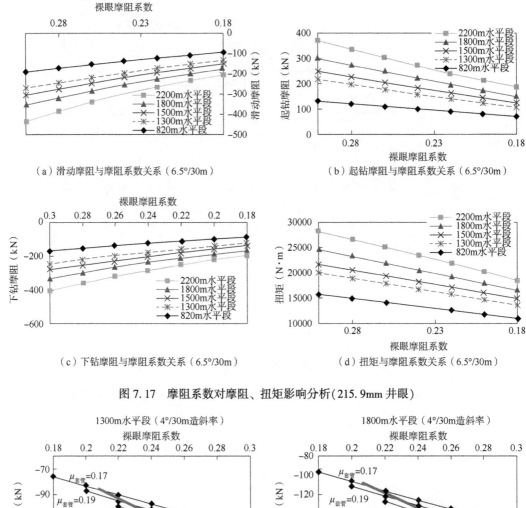

（a）滑动摩阻与摩阻系数关系（6.5°/30m）

（b）起钻摩阻与摩阻系数关系（6.5°/30m）

（c）下钻摩阻与摩阻系数关系（6.5°/30m）

（d）扭矩与摩阻系数关系（6.5°/30m）

图 7.17　摩阻系数对摩阻、扭矩影响分析（215.9mm 井眼）

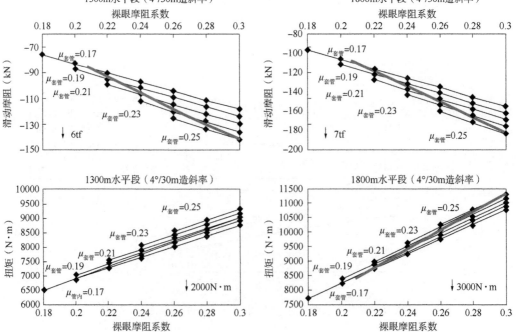

图 7.18　摩阻系数对摩阻、扭矩影响分析（152.4mm 井眼）

$\mu_{套管}$—套管摩阻系数

7.5　长水平井钻具组合设计方法

水平井中，高摩阻易导致钻具屈曲（正弦屈曲和螺旋屈曲）。一旦发生螺旋屈曲，会使钻具发生自锁而无法继续前行，因此进行合理的钻具组合设计非常重要。

7.5.1　从钻具力学分析选择钻具组合

以扎平 1 井设计参数为例，分析结果如图 7.19 所示。

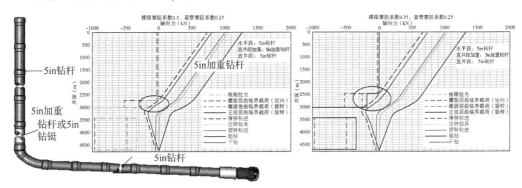

图 7.19　钻具力学分析选择钻具组合

扎平 1 井设计参数为：215.9mm 井眼水平段 1300m，井深 4710m，垂深 3268m，圆弧剖面设计，造斜率 6.5°/30m，钻井液密度 1.48g/cm³。分析结果表明：造斜点以上采用 5in 加重钻杆，裸眼摩阻系数 0.3，滑动钻进时基本满足条件；以扎平 1 井实钻参数，反算出扎平 1 井实际摩阻系数局部在 0.35 以上，存在钻具屈曲风险。调研长庆油田苏 5-15-17AH 井 1200m 水平段中最高摩阻达 45tf，滑动钻进中钻具发生屈曲，无法施加钻压。因此，应重视控制井眼状况，控制摩阻系数在 0.3 以下，或选用 5½in 加重钻杆加重。

7.5.2　从满足井眼清洁最低排量下的压耗分析选择钻具组合

在与钻具力学分析相同条件下分别计算：①钻具组合为 5in 钻杆+5in 加重钻杆（内径 76.2mm）+5in 钻杆；②钻具组合为 5in 钻杆+5½in 加重钻杆（内径 92.1mm）+5in 钻杆。两种钻具组合进行分析，设定额定泵压 29MPa，钻速 3m/h，如图 7.20 所示。

结果表明，①号、②号钻具组合额定泵压下排量达到 35L/s 以上，满足井眼清洁要求，具备进一步添加水力振动器的条件，防止滑动钻进时托压。

对于 152.4mm 井眼 1300m 水平段，新疆昌吉致密油已经完成首批钻完井施工，扎哈泉钻井工艺可借鉴其成熟工艺完成施工。

通过以上分析，1300m 长 215.9mm 井眼水平井，钻具组合宜选择：5in 钻杆+5in 加重钻杆+5in 钻杆水力振动器+5in 钻杆+钻头的钻具组合。1300m 长 152.4mm 井眼可借鉴昌吉致密油水平井技术完成施工。

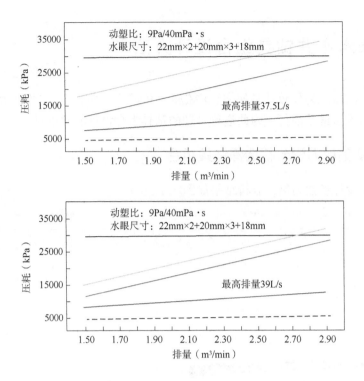

图 7.20　从满足井眼清洁最低排量下的压耗分析选择钻具组合

7.6　扎哈泉地区长水平井钻井优化方案

综合前述分析，提出扎哈泉长水平井钻井优化方案如下：

（1）井身结构。

采用常规井身结构设计，215.9mm 井眼完钻，技术套管下至造斜点以上，利于井眼清洁。

（2）井眼轨迹。

针对扎平 1 井存在的造斜率高、钻进滑动比例高的问题，对井眼轨迹进行优化。设计采用圆弧形剖面，按照造斜段滑动比例应低于 70% 的定向钻井经验计算，造斜段每 30m 造斜率应降低至 5°，降低造斜定向难度，提高复合钻井比例，平稳中靶，同时控制直井段狗腿度在 0.5°/30m 以内，控制水平段狗腿度在 2°/30m 以内。为保证较好的轨迹质量，合理调整滑动钻进和复合钻井时间及比例，以保证轨迹光滑，降低托压风险。此外，通过降低设计造斜率，增加靶前距约 80m，造斜点可上移到岩石强度略低地层，以利于造斜施工作业。

（3）钻具组合。

针对水平段钻具组合增斜能力强、稳斜能力差的问题，建议采用单弯螺杆双稳定器倒装钻具组合，即除螺杆下部近钻头稳定器外，螺杆上部再添加一个稳定器。考虑到钻具组合应具有一定的定向造斜能力和复合钻井稳斜能力，通过钻井组合复合钻井准动力学分析方法计算钻具组合稳定器外径参数与造斜力的关系，结果显示，定向时为获得较高的定向能力、复合钻井时获得较好的稳斜能力，近钻头稳定器应采用较大外径的稳定器，但较大外径的近钻头稳定器在硬地层定向钻进时容易造成钻具挤挂现象，增大定向托压风险，建议选择外径为212mm左右的稳定器，上稳定器外径应选择206~208mm。考虑到目的层只有2m层厚，水平段螺杆弯角可选择1.0°~1.25°弯角螺杆眼。综合钻具组合应优选为PDC钻头+1.0°~1.25°螺杆(稳定器外径212mm)+206~208mm稳定器+无磁钻杆+钻杆+加重钻杆+钻杆。

造斜段螺杆优选大扭矩单弯螺杆钻具，增强钻具定向稳定性；水平段优选长寿命高速螺杆钻具，以提高机械钻速，实现长井段钻进，减少起下钻时间。鉴于目的层只有2m厚，考虑采用近钻头地质导向技术，提高储层钻遇率，并有助于控制井眼轨迹。

(4) 钻井参数。

针对已钻水平井扎平1井存在的水平段后期托压37t影响钻进的问题，重点对水平段钻井参数进行优化。严格按照轨迹设计要求控制井眼狗腿度，定向钻进时排量提高至30L/s，水平段钻速推荐80r/min以上，以满足井眼清洁对排量的要求。水平井段推荐采用水力振荡器以此降低摩阻，减小井下扭矩，减轻横向振动，可达到提高机械钻速、延长PDC钻头使用寿命的目的。

(5) 钻头选型。

借鉴常规直井高效钻头的应用情况，针对水平井定向作业特殊性优选高效钻头。直井段地层以泥岩、砂质泥岩、细砾岩为主，建议选取具有较强攻击性的钻头，优选采用5刀翼19mm切削齿、小负前角(15°~20°)长抛物线冠部形状PDC钻头。造斜井段地层以泥岩、砂质泥岩、泥质粉砂岩为主，建议选取兼顾攻击性及研磨性的钻头，采用5刀翼16~19mm切削齿、负前角17°~25°、中等抛物线冠部形状的PDC钻头。水平段目的层以泥岩、粉砂岩为主，地层较硬且研磨性强，建议选取具有抗研磨性和抗冲击能力的钻头，采用5~6刀翼13~16mm双排切削齿、负前角20°~30°、短抛物线冠部形状PDC钻头。

(6) 钻井液。

已钻常规直井使用聚磺钻井液体系，二开井段不存在因缩径导致的遇阻卡等复杂问题，聚磺钻井液体系可以满足扎哈泉地区井壁稳定要求；已钻水平井扎平1井使用有机盐水基钻井液体系，满足水平段钻井需求。综合考虑钻井液性能适应性和成本、环保等因素，推荐继续采用水基钻井液体系，重点加强定向及水平段钻井液性能控制。

二开进入上油砂山组(N_2^2)泥岩地层后，足量加入降滤失剂、大分子包被剂、钾盐等，有效抑制黏土水化膨胀。三开直井段转化为钾盐钻井液体系，并强化钻井液随钻封堵性能。造斜段开始混入4%~6%的液体和3%~4%的石墨类固体润滑剂，控制滤饼摩阻黏滞系数不大于0.08，改善井眼润滑条件，降低摩阻、扭矩。水平段添加XC类流型调节剂调整流变参数，确保动切力、静切力和动塑比满足携岩要求；控制沥青类材料加量，维护井壁稳定性，加强储层保护特性；针对实钻情况，如有必要采用有机盐钻井液体系，须要求有机盐加量不小于20%。造斜段和水平段控制钻井液动塑比不低于0.4Pa/(mPa·s)，提高钻井液携岩能力，保持井眼清洁。

参 考 文 献

[1] 苏义脑. 水平井各种常用工具的分类与结构特征[J]. 石油钻采工艺，1998(5)：13-25，110.

[2] 冯光通，胥豪，唐洪林，等. 大位移井井眼清洁技术研究与实践——以胜利油田庄129-1HF井为例

[J]. 石油地质与工程, 2014, 28(3): 96-99.

[3] 孙晓峰. 大斜度井段岩屑运移实验研究与清洁工具优化设计[D]. 大庆: 东北石油大学, 2014.

[4] 石磊, 孙帅帅, 王翊民. 大位移井井眼清洁技术简析[J]. 石油和化工设备, 2019, 22(8): 71-72.

[5] 刘建峰. 长庆气田长水平段水平井快速钻井技术研究与应用[D]. 西安: 西安石油大学, 2015.

[6] 谢彬强, 邱正松, 黄维安, 等. 大位移井钻井液关键技术问题[J]. 钻井液与完井液, 2012, 29(2): 76-82, 96.

[7] 唐洪林, 孙铭新, 冯光通, 等. 大位移井摩阻扭矩监测方法[J]. 天然气工业, 2016, 36(5): 81-86.